콘크리트 실무매뉴얼 KCI PM202.2-23

경량골재 콘크리트

경량콘크리트위원회

사단법인 한국콘크리트학회
Korea Concrete Institute

발간사

산업부산물 재활용을 통한 천연자원의 보존 및 천연골재의 부족 등의 환경적 이슈와 함께 인공경량골재에 대한 관심이 점차 증가하고 있습니다. 최근에는 프리캐스트 콘크리트 산업의 활성화에 발맞추어 운반 및 시공단계에서 유리한 경량골재 콘크리트의 관심도 높아지고 있습니다. 우리학회에서도 콘크리트 2050 비전을 설정하고 탄소 배출량 30% 감축 및 콘크리트와 철근 사용량 20% 감축 아젠다를 제시하였으며, 그에 따라 고성능 재료로서 경량골재 콘크리트 기술 개발에 대한 세부 추진전략도 구체화하였습니다.

경량골재 콘크리트는 경량골재의 낮은 강도와 강성으로 인해, 보통 콘크리트에 비해 균열에 대한 저항성 및 인장강도가 낮고 더 취성적인 파괴를 보입니다. 하지만 설계기준에서 경량골재 콘크리트와 관련한 내용은 단지 수정 계수를 도입하고 있는 실정입니다. 미국콘크리트학회에서는 ACI 211과 213 위원회에서 구조용 경량골재 콘크리트의 배합설계, 역학적 특성, 내구성 평가 등에 대한 가이드라인을 제시하고 있습니다. 유럽 fib에서는 경량골재 콘크리트의 설계 및 해석을 위한 모델과 방법론에 대한 가이드라인을 제시하고 있습니다. 하지만, 이러한 가이드라인들은 약 20여 년 전의 연구 결과를 바탕으로 제시되었고 아직 개정이 이루어지지 않았기 때문에 최근의 경량골재 생산 기술의 발전과 그에 따른 경량골재 콘크리트의 특성 변화를 반영하기에는 다소 한계가 있습니다.

우리 학회의 경량콘크리트 연구전문위원회에서는 최신 연구 결과를 바탕으로 실무적 관점에서 배합과 시공성 그리고 역학적 특성에 대한 모델을 다루는『경량골재 콘크리트』 실무매뉴얼을 준비하였습니다. 국내 최초로 구조용 경량골재 콘크리트의 가이드라인을 제시한 것은 중요한 의의를 갖습니다. 이 지침은 상세한 시방 해설과 적용 사례를 제시하고 있어, 레미콘 제조와 시공 측면에서도 활용도가 높을 것으로 기대합니다.

이번 우리 학회『경량골재 콘크리트』실무매뉴얼 집필을 위해 많은 수고와 노력을 해주신 경량콘크리트 연구전문위원회 모든 분들에게 깊은 감사를 드립니다. 아울러, 귀중한 실무자료를 공유해주신 산학연 담당자들께도 감사의 인사를 전합니다.

2023. 1.

한국콘크리트학회 회장 **김 지 상**

머리말

경량골재 콘크리트는 일반 골재에 비해 가벼운 경량골재를 사용하여, 단위질량을 일반 콘크리트 대비 약 20% 이상 낮춘 건설 재료입니다. 경량골재 콘크리트로 제작한 슬래브 또는 보는 상대적으로 자중이 낮아, 고층 건물의 시공 시 기둥의 단면을 줄이는 등 경제적인 이점이 있습니다.

우리나라에서는 주로 인공경량골재를 사용하여 구조용 경량골재 콘크리트를 제조하고, 최근 친환경성을 강조한 바텀애시 잔골재에 관한 관심도 증가하고 있습니다. 두 경량골재에 대한 품질 기준은 'KS F 2527 콘크리트용 골재' 규격에 제시되어 있고, 건설 현장에서는 'KCS 14 20 20 경량골재 콘크리트'에 따른 시방을 따라 경량골재 콘크리트를 제조하고 있습니다.

이 실무매뉴얼에서는 KCS 14 20 20 : 2022에 제시된 시방을 자세하게 해설하고자 합니다. 표준 시방서와 같이 '1장 일반사항', '2장 자재', '3장 시공' 순으로 목차로 구성하였고, 네모 상자 안에 시방 내용을 제시한 후 아래에 해설을 제시하였습니다. 2022년 표준 시방이 제시된 근거와 배경이 된 연구 결과 등을 참고문헌과 함께 수록하였고, 시방의 개정이 필요한 부분에 대해서도 제시하여 향후 표준 시방서 개정에 참고가 되도록 작성하였습니다. 단, 현재의 시방 내용에 대해서는 오타, 오기 등에 대한 자구 수정만 하여 혼란을 방지하였습니다.

각 장의 뒷부분에는 '1.7 경량골재 콘크리트의 적용 사례', '2.4 경량골재 콘크리트의 배합설계 사례', '2.5 바텀애시 잔골재의 적용 사례', '3.7 경량골재 콘크리트의 펌핑 사례'를 추가하여, 실무자의 이해를 높이고자 하였습니다.

그리고 마지막 '4장 경량골재 콘크리트의 역학적 특성'에서는 문헌조사를 통해 수집한 경량골재 콘크리트의 역학적 특성을 종합하여, 강도 등 역학적 성능에 대한 분석 내용을 추가하였습니다. KCS 14 20 20과 'KDS 14 20 10 콘크리트구조 해석과 설계 원칙'을 연결하여, 구조 설계 시 필요한 경량콘크리트계수 등에 대해 설명하였습니다.

기존의 표준 시방서 해설에서 다루지 못했던 시방에 대한 자세한 설명과 적용 사례, 그리고 역학적 특성에 관한 내용이 경량골재 콘크리트를 다루는 실무 기술자에게 도움이 되길 바랍니다.

2023. 1.

경량골재 콘크리트 실무매뉴얼 집필책임자 **김 재 홍**

| 집필위원 |

집필책임자	○ 김재홍(KAIST)
집필위원	○ 김학영(한국방재안전기술), 남정수(충남대학교), 박조범(유진기업), 양근혁(경기대학교), 이경호(세움건설), 이재삼(한국골재산업연구원), 전유빈(KAIST), 최지선(현대건설)

| 발간물심의위원회 | (2021~2022)

위원장	○ 김진만(공주대학교)
위원	○ 강석표(우석대학교), 김상우(건설기술정보연구원), 김상철(한서대학교), 천성철(인천대학교), 최경규(숭실대학교), 하상수(강남대학교), 한동엽(경상국립대학교), 홍건호(호서대학교)

기획 | 실무지침편찬특별위원회 | (2021~2022)

위원장	○ 배수호(안동대학교)
부위원장	○ 홍건호(호서대학교)
간사	○ 천성철(인천대학교)
위원	○ 강현구(서울대학교), 권승희(명지대학교), 김경민(서울기술연구원), 김대호(㈜한울구조물안전기술사사무소), 김두기(공주대학교), 김상철(한서대학교), 김순환(㈜창민우컨설턴트), 김영진(한국콘크리트학회), 김지상(서경대학교), 김진근(KAIST), 김태훈(한국철도기술연구원), 박선규(목원대학교), 신현목(성균관대학교), 심 별(다올이앤씨㈜), 양근혁(경기대학교), 이건철(교통대학교), 이도형(배재대학교), 이 백(한국농어촌공사), 이성태(인하공업대학), 이재훈(㈜도화), 이창홍 (㈜포스코건설), 정 란(단국대학교), 정하선(전우구조기술사무소), 최광호(남서울대학교), 최원창(가천대학교), 하상수(강남대학교), 한천구(청주대학교)

차 례

제 1 장

일반사항

1.1 적용범위

(1) 이 기준은 골재의 전부 또는 일부에 천연경량골재, 인공경량골재 및 바텀애시경량골재 등을 사용하여 제조한 경량골재 콘크리트의 재료 및 시공에 대한 일반적이고 기본적인 사항을 규정한다.
(2) 이 기준에서 대상으로 하는 경량골재 콘크리트는 설계기준압축강도가 15 MPa 이상으로 기건 단위질량이 2,100 kg/m³ 이하의 범위에 해당하는 것으로 한다.

(1) 이 기준은 경량골재 콘크리트를 대상으로 하므로, 알루미늄 분말과 발포제 등으로 내부 기포를 생성시키는 경량 콘크리트는 적용 대상이 아니다. 경량골재 콘크리트는 특별한 사항을 제외하면 천연골재를 사용한 콘크리트와 거의 동일하게 취급할 수 있다. 여기서는 특별한 사항만을 언급하고, 여기에 나타내지 않은 사항은 천연골재를 사용한 콘크리트와 동일하게 취급한다. KS F 2527에서는 경량골재를 천연경량골재, 인공경량골재, 바텀애시경량골재로 분류하여 정의하고 있다.

(2) 기존의 시방서에서는 절건상태의 경량골재 콘크리트를 기준으로 단위질량을 1,400 kg/m³ 에서 2,000 kg/m³ 을 제시하였으나, 여기에서는 기건 단위질량을 기준으로 그 최댓값을 2,100 kg/m³ 으로 상향시켰다. 참고로, JASS 5(2018)에서는 1,400 kg/m³ 에서

2,100 kg/m³ 및 ACI 301-16에서는 1,440 kg/m³ 에서 1,840 kg/m³ 으로 경량골재 콘크리트의 기건 단위질량의 범위를 제시하고 있으며, EN 206-1에서는 절건 단위질량 800 kg/m³ 에서 2,000 kg/m³ 으로 경량골재 콘크리트를 정의하고 있다.

1.2 참고기준

1.2.1 관련법규

내용 없음

1.2.2 관련기준

KCS 14 20 01 콘크리트공사 일반사항
KCS 14 20 10 일반 콘크리트
KDS 14 20 01 콘크리트구조 설계(강도설계법) 일반사항
KDS 14 20 10 콘크리트구조 해석과 설계 원칙
KDS 41 30 00 건축물 콘크리트구조 설계기준
KS F 2405 콘크리트의 압축강도 시험 방법
KS F 2409 굳지 않은 콘크리트의 단위용적질량 및 공기량 시험 방법(질량 방법)
KS F 2421 압력법에 의한 굳지 않은 콘크리트의 공기량 시험 방법
KS F 2423 콘크리트의 쪼갬 인장강도 시험 방법
KS F 2424 모르타르 및 콘크리트의 길이 변화 시험 방법
KS F 2449 굳지 않은 콘크리트 용적에 의한 공기량 시험 방법
KS F 2455 믹서로 비빈 굳지 않은 콘크리트 중의 모르타르와 굵은골재량의 변화율 시험 방법
KS F 2456 급속 동결 융해에 대한 콘크리트의 저항 시험 방법

KS F 2462 구조용 경량 콘크리트의 밀도 시험 방법
KS F 2468 경량 콘크리트 골재의 철 오염물 시험 방법
KS F 2502 굵은골재 및 잔골재의 체가름 시험 방법
KS F 2505 골재의 단위용적질량 및 실적률 시험 방법
KS F 2507 골재의 안정성 시험 방법
KS F 2510 콘크리트용 모래에 포함되어 있는 유기 불순물 시험 방법
KS F 2511 골재에 포함된 잔 입자(0.08 mm 체를 통과하는) 시험 방법
KS F 2512 골재 중에 함유되는 점토 덩어리량의 시험 방법
KS F 2527 콘크리트용 골재
KS F 2529 구조용 경량 잔골재의 밀도 및 흡수율 시험 방법
KS F 2531 경량 굵은골재의 부립률 시험 방법
KS F 2533 구조용 경량 굵은골재의 밀도 및 흡수율 시험 방법
KS F 4009 레디믹스트 콘크리트
KS L 5107 시멘트의 오토클레이브 팽창도 시험 방법
KS L 5120 포틀랜드 시멘트의 화학 분석 방법

1.3 용어의 정의

(1) 경량골재(lightweight aggregate) : 일반 골재보다 낮은 밀도를 가지는 골재로서, KS F 2527에서는 발생원에 따라 천연경량골재, 인공경량골재, 바텀애시경량골재로 분류함.
(2) 천연경량골재(natural lightweight aggregate) : 경석, 화산암, 응회암 등과 같은 천연재료를 가공한 골재로, KS F 2527에서는 천연경량잔골재(NLS, natural lightweight sand)와 천연경량굵은골재(NLG, natural lightweight gravel)로 구분함.
(3) 인공경량골재(artificial lightweight aggregate) : 고로슬래그, 점토, 규조토암, 석탄회, 점판암과 같은 원료를 팽창, 소성, 소괴하여 생산되는 골재로, 인공경량잔골재(ALS, artificial lightweight sand)와 인공경량굵은골재(ALG, artificial lightweight gravel)로 구분함.
(4) 바텀애시경량골재(bottom ash lightweight aggregate) : 화력발전소에서 발생되는

바텀애시를 가공한 골재로 잔골재(BLS, bottom ash lightweight sand)의 형태인 것

(5) 부립률(float ratio) : 일반적으로 경량골재 입자의 크기가 클수록 밀도가 감소하는데, 품질관리를 위해 정의한 경량골재 중 물에 뜨는 입자의 백분율

(6) 프리웨팅(pre-wetting) : 경량골재를 건조한 상태로 사용하면 경량골재 콘크리트의 제조 및 운반 중에 물을 흡수하므로, 이를 줄이기 위해 경량골재를 사용하기 전에 미리 흡수시키는 조작

(7) 경량골재 콘크리트(lightweight aggregate concrete) : 골재의 전부 또는 일부를 경량골재를 사용하여 제조한 콘크리트로 기건 단위질량이 2,100 kg/m^3 미만인 것

(8) 모래경량 콘크리트(sand lightweight concrete) : KDS 14 20 10 또는 ACI 318-14에서 경량 콘크리트계수를 정의하기 위해 사용하는 분류법으로, 잔골재는 일반 골재(또는 일반골재와 경량골재 혼용)를 사용하고, 굵은골재를 경량골재로 사용한 콘크리트를 지칭함.

(9) 전경량 콘크리트(all-lightweight concrete) : KDS 14 20 10 또는 ACI 318-14에서 경량 콘크리트계수를 정의하기 위해 사용하는 분류법으로, 잔골재와 굵은골재 모두를 경량골재로 사용한 콘크리트를 지칭하며 경량골재 콘크리트 2종에 해당함.

(10) 기건 단위질량(air-dry density) : KS F 2462에서 정의한 경량골재 콘크리트의 단위질량으로, 경량골재 콘크리트 공시체를 (16～27)℃의 온도로 수분의 증발이나 흡수가 없이 7일간 양생한 후 온도 (23±1)℃와 상대습도 (50±5)%에서 21일간 건조시킨 공시체로 측정한 단위질량

(11) 평형상태 밀도(equilibrium density) : ASTM C 567에서 정의한 경량골재 콘크리트의 단위질량으로, 현장에서의 양생 조건이 제시되어 있지 않은 경우 경량골재 콘크리트 공시체를 (16 ～ 27)℃의 온도로 수분의 증발이나 흡수가 없이 7일간 양생하고, (23±2)℃에서 24시간 침지시킨 후 온도 (23±2)℃와 상대습도 (50±5)%에서 건조시킨 공시체의 질량 변화가 0.5% 이하가 되었을 때 측정한 단위질량

(12) 절건 단위질량(oven-dry density) : KS F 2462에서 간이 시험법으로 정의한 경량골재 콘크리트의 노건조 질량으로, 경량골재 콘크리트 공시체를 (16～27)℃에서 수분의 손실을 막고 24시간 저장한 후 탈형하여 72시간 동안 (105±5) ℃에서 건조시키고 실내 온도로 식혀서 측정한 단위질량

(13) 절건상태 밀도(oven-dry density) : ASTM C 567에서 정의한 경량골재 콘크리트의 단위질량으로, 경량골재 콘크리트 공시체를 24에서 32시간 저장한 후 탈형하여 (110±5)℃에서 처음 72시간 동안 건조시키고 1시간 이내에서 실내 온도로 식힌 공시체의

질량 변화가 24시간 동안 0.5% 이하가 되었을 때 측정한 단위질량

1.4 경량골재 콘크리트 일반

(1) 경량골재 콘크리트의 단위질량은 설계기준값 이하를 가져야 하며, 품질이 균일한 것이어야 한다. (2) 이외의 강도, 내구성 및 시공성 등에 대한 일반사항은 KCS 14 20 10(1.4)에 따른다.

(1) 경량골재 콘크리트의 단위질량이 설계에서의 기준값보다 커지면, 구조 및 기초의 안전성이 위험하게 되는 경우가 많으므로 설계에서의 기준값 이하이어야 한다.

1.5 제출물

(1) 경량골재에 대한 골재 납품서는 KS F 2527에 제시된 표준 양식을 따른다. (2) 경량골재 콘크리트에 관한 제출물은 KCS 14 20 10(1.5)에 따르는 것을 원칙으로 한다.

1.6 경량골재 콘크리트의 종류 및 품질

표 1.6-1 경량골재 콘크리트의 종류

종류	사용골재	기건 단위질량 (kg/m³)	레디믹스트 콘크리트로 발주 시 호칭강도[1] (MPa)
경량골재 콘크리트 1종	굵은골재를 경량골재로 사용하여 제조	1,800~2,100	18, 21, 24, 27, 30, 35, 40
경량골재 콘크리트 2종	굵은골재와 잔골재를 주로 경량골재로 사용하여 제조	1,400~1,800	18, 21, 24, 27

주 1) 레디믹스트 경량골재 콘크리트의 굵은골재 최대치수는 15 mm 또는 20 mm로 지정

(1) 경량골재 콘크리트는 경량골재 콘크리트 1종 및 경량골재 콘크리트 2종으로 분류하고, 기건 단위질량의 범위 및 대응하는 레디믹스트 콘크리트의 호칭강도는 표 1.6-1과 같다.

(2) 경량골재 콘크리트를 레디믹스트 콘크리트로 발주할 경우에는 KS F 4009의 기준에 따라 품질을 지정한다. 레디믹스트 콘크리트의 공장 선정 및 품질 관리 시 다음에 명시되지 않은 사항은 KCS 14 20 10(1.6, 1.7)을 따른다.

(3) 경량골재 콘크리트의 단위질량은 KS F 2462에 제시된 기건 단위질량을 기준으로 한다. 기건 단위질량은 받아들이기 검사 시에는 굳지 않은 경량골재 콘크리트의 단위용적질량은 KS F 2409에 따라 실시하며, 3회 시험한 평균값이 설계에서의 기준값 이하이어야 한다.

(4) 경량골재 콘크리트의 압축강도는 KS F 2405에 준하여 시험하고 KCS 14 20 10(3.5)에 따라 3개 공시체의 평균값으로 한다. 단, 기건 단위질량 측정 시와 동일한 방식으로 만든 기건 상태의 공시체에 대해 시험한다.

(5) 경량골재 콘크리트의 인장강도는 28일 재령에서 2 MPa 이상이어야 한다. 이때 경량골재 콘크리트의 쪼갬 인장강도는 KS F 2423에 준하여 시험하고 KDS 41 30 00(3.1)에 따라 3개 공시체의 평균값으로 한다. 단, 기건 단위질량 측정 시와 동일한 방식으로 만든 기건 상태의 공시체에 대해 시험한다.

(1) JASS 5(2018)에서는, 경량골재 콘크리트 2종에 대한 정의를 기존의 경량 굵은골재와 잔골재 전부 또는 일부를 경량골재를 사용하는 콘크리트에서 '굵은골재와 잔골재를 주로 경량골재로 사용하는 제조 방식'으로 변경하였다. 이는 재료분리 방지 등을 목적으로 경량골재와 일반 골재 혼합하여 사용하는 경우에 대해 대응하기 위함이다. 또한, 경량골재 콘크리트 종류에 따른 단위질량의 범위도 기존의 절건 밀도에서 기건 밀도로 변경됨에 따라 1종은 1,700 kg/m³ 에서 2,000 kg/m³ 의 범위가 1,800 kg/m³ 에서 2,100 kg/m³ 으로 상향되

었고, 2종은 1,400 kg/m³ 에서 1,800 kg/m³ 로 제시하고 있다. 2022년 KS F 4009의 개정으로 추후 시방 변경이 필요하다.

(2) JASS 5(2018)에서는, 경량골재 콘크리트 종류에 따른 압축강도의 범위를 1종은 36 MPa 이하, 2종은 27 MPa 이하로 제시하고 있다. 반면 KS F 4009에서는 종류에 따른 구분 없이, 레디믹스트 경량골재 콘크리트의 호칭강도를 18 MPa에서 40 MPa로 제시하고 있다. 따라서 표 1.6-1에서는 JASS 5(2018)의 종류에 따른 압축강도 범위에 맞추어 호칭강도를 분류하였다.

(3) KS F 2462에서 정의한 기건 단위질량과 절건 단위질량은 ASTM C 567에 따른 평형상태 밀도와 절건상태 밀도에 대응되는 개념이나, 그 측정 방법 및 결과는 동일하지 않다. ACI 213R-14에 따르면, 일반적으로 경량골재 콘크리트의 평형상태 밀도는 절건상태 밀도보다 50 kg/m³ 에서 83 kg/m³ 정도 크게 측정된다.

(4) KS F 2527 해설편에 제시된 내용으로, 경량골재 및 경량골재 콘크리트의 종류에 따라 다양한 단위질량-압축강도의 관계가 나타나므로 단위질량에 대응하는 압축강도에 관한 표는 삭제하였다.

(5) KS F 2527 해설편에 제시된 내용을, 인장강도 측정 방법과 기준재령에서 인장강도의 최솟값으로 정리하여 제시하였다.

1.7 경량골재 콘크리트 적용 사례

1.7.1 일본의 경량골재 콘크리트 적용 사례

일본의 경량골재 콘크리트 역사를 살펴보면 1947년 도쿄대학 하마다 박사가 천연경량골재를 활용한 경량 콘크리트에 대해 연구한 것을 시작으로 1955년 JIS A 5002에 구조용 경량골재에 관한 규정이 신설되었다. 1960년대에는 인공경량골재 기술이 미국에서 도입되어 1964년에 인공경량골제가 제조되었고, 1966년에 인공경량골재협회(ALA)가 설립되었다. 1978년에는 건축학회에서 경량 콘크리트 배합 및 시공지침이 제정하여 경량골재 콘크리트에 대한 시공/

품질 기준을 확립되었다. 이런 과정을 통해 1980년대부터 인공경량골재의 구조물 적용이 활발해졌으며, 고성능 경량골재 개발까지 진행되었다.

그림 1.7-1 도쿄도 제1본청(左)과 아베노하루카스(右)

1.7.1.1 도쿄도 제1본청 건설공사[1)]

본 구조물은 도쿄도 본청은 위한 지상 243 m의 초고층 건축물로 직경 6.4 m의 거대한 기둥과 높이 4 m의 거대 보로 이루어졌으며, 2층부터의 데크플레이트 슬래브에는 경량 콘크리트가 적용되었다. 이 건축공사에 관한 설계, 재료, 시공, 환경 등에 대한 이슈를 폭넓게 검토하고 콘크리트 품질확보 및 성공 시공을 위해 1988년 5월에 콘크리트기술위원회가 조직되었다.

최상층까지의 경량골재 콘크리트 압송을 원활히 수행하기 위해 당초 설계 슬럼프 180 mm를 210 mm로 변경하였고, 펌프 압송 시 콘크리트 배관막힘 현상을 방지하기 위해 흡수율을 27~29%로 프리웨팅(pre-wetting)한 인공경량골재(G_{max}=15 mm)를 사용하였다. 그 결과 경량골재 콘크리트를 최상층 243 m까지 펌프 압송을 할 수 있었으며, 압송 전에 비해 압송 후의 평균 슬럼프 값은 약 2 cm, 공기량은 1% 정도 저하되었다. 압송 전·후의 압축강도는 동일하였으나, 단위질량은 압송 후 다소 증가하였다.

1) 地上243mへのコンクリートの圧送—東京都新都庁第一庁舎建設工事—, コンクリート工学 Vol. 29, 1991.12

표 1.7-1 도쿄도 제1본청 건설공사

공사명	도쿄도 제1본청 건설공사
시공사	타이세이건설, 시미즈건설, 타케나가 외 12사
공사기간	1988.03~1991.02
구조	높이 243 m(지상 48층, 지하 3층), RC, SRC
경량골재 콘크리트	단위질량 1,850 kg/m³, 설계기준압축강도 21 MPa, 슬럼프 210 mm, 사용량 15,200 m³

1.7.1.2 도호쿠 신칸센 누마쿠나이 교량[2)]

부재의 경량화에 의한 비용절감을 목적으로 도호쿠 신칸센 누마쿠나이 교량(11경간 연속 프리캐스트 박스거더교)의 상부공사에 설계압축강도 40 MPa의 경량골재 콘크리트가 적용되었다. 경량골재 콘크리트의 적용과 함께 외부 긴장방식을 통해 부재두께를 축소시킬 수 있었고, 프리캐스트 상부공사의 중량을 약 22% 절감시킬 수 있었다. 경량 콘크리트 적용에 따라 콘크리트 재료 단가는 증가했으나, 기초구조에 대한 부담 저감 및 시공 장비의 소형화로 약 10%의 전체 공사비 절감이 가능했다.

표 1.7-2 도호쿠 신칸센 누마쿠나이 교량

공사명	도호쿠 신칸센 누마쿠나이 교량(동일본여객철도)
시공사	센다이 북부도로 타이세이 · 사토 공동기업체
공사기간	2000.02~2001.06
구조	11경간 연속 PC 박스거더교
경량골재 콘크리트	단위질량 2,000 kg/m³, 설계기준압축강도 40 MPa, 사용량 3,244 m³

본 교량의 콘크리트에는 기존의 경량골재와 비교하여 흡수율을 대폭 저감시키기 위해 내부의 기포를 독립적으로 만든 고성능 경량골재를 사용하였으며, 콘크리트의 펌프 압송성의 확보 및 골재의 분리를 억제하기 위해 특수 증점제를 사용했다. 콘크리트 타설 전에 강도, 동결융해 저항성, 박락저항성, 펌프 압송성 시험을 통한 고성능 경량 콘크리트의 물성 및 시공성을 확인하였다. 동결융해저항성의 경우 동결융해시험을 통해 300사이클 종료 후에도 상대동탄성계수가 80% 이상인 것을 확인하였고, 외기온도 30도의 높은 기온의 조건에서도 제조 후 2시간까지 유동성이 유지되는 것을 확인하였다. 또한, PC부재로서 사용하였을 경우의 처짐특성, 유효 프리스트레싱, 크리프량, 건조수축량, 열특성을 계측하여 설계값과 비교함으로써 타당성을 확인하여 향후 교량에 경량골재 콘크리트 적용을 위해 기초자료로 적용할 수 있도록 하였다.

2) 東北新幹線沼宮内橋への軽量コンクリートの適用, 高性能軽量コンクリートを用いた鉄道橋の施工計画と計測計画

1.7.1.3 센다이 북부도로 3경간 연속 PC라멘교 상부공사[3)]

센다이 북부도로 노선공사 시 포함된 3경간 연속 PC라멘교의 가설부분이 연약지반으로 되어 있어 하부공 기초의 규모를 작게 하기 위해, 상부에 경량골재 콘크리트를 적용하였다. 대상구조물이 한랭지에 건설되는 것을 고려하여, 콘크리트 품질의 사전검토를 통해 최종적으로 동결융해 저항성이 우수한 배합을 적용하였다. 또한, 교각 하부에서 교량거더 상부까지 콘크리트의 수직 펌프 압송성을 필요하기 때문에 수평환산거리 150 m 이상으로 펌프 압송성을 검토하였다. 일본토목학회『콘크리트 펌프시공지침』에 따르면 펌프 압송용 경량골재 콘크리트는 단위시멘트량 280～350 kg/m³ , 슬럼프 120～180 mm를 권장하였다. 그러나 본 시공에서 사용된 경량골재 콘크리트는 단위시멘트량이 많고, 물-시멘트비가 작아 기존의 경량골재 콘크리트에 비해 관내압력손실이 컸으나, 펌프카로 수평환산거리 150 m 이상의 펌프 압송을 원활하게 할 수 있었다.

표 1.7-3 센다이 북부도로 3경간 연속 PC라멘교 상부공사

공사명	센다이 북부도로 3경간 연속 PC라멘교 상부공사(동일본여객철도)
시공사	센다이 북부도로 타이세이 · 사토 공동기업체
공사기간	2001.02～2002.05
구조	3경간 연속 PC라멘 박스거더교, 총연장 256 m
경량골재 콘크리트	단위질량 1,800 kg/m³, 설계기준압축강도 40 MPa, 슬럼프 플로 550 mm

1.7.1.4 높이 300 m의 초고층복합빌딩 아베노하루카스[4)]

본 구조물은 오사카 시에 위치한 높이 300 m의 초고층 구조물로 지하층에는 주차장, 저층부에는 백화점, 중층부에는 미술관 및 오피스, 고층부에는 호텔 및 전망대로 이루어져 있다. 중저층부의 기둥에는 고축력을 지지하기 위해 초고강도인 150 MPa 콘크리트와 고강도 철골을 활용한 CFT 기둥을 적용하였다. 또한, 건물중량의 경량화 및 그에 따른 지진력 저감을 목적으로 지상층 슬래브에 경량 콘크리트를 적용하였다. 수평 환산길이 184 m의 펌프 압송을 위해 슬럼프를 230 mm 설정하였다. 경량 콘크리트의 적용으로 얻을 수 있는 효과는 기둥의 슬림화 및 기초의 최적화이다. 지상층의 슬래브에 경량 콘크리트를 적용하여 일반 콘크리트를 적용하였을 경우 7,000톤 정도의 저층부 기둥의 축력을 6,000톤으로 저감시킬 수 있었고, 저층부 CFT기둥의 충전콘크리트에 150 MPa 콘크리트를 적용하여 내력을 크게 향상시키고 단면크기를 저감하여 기초 말뚝의 본 수를 줄일 수 있었다.

---

3) 長距離ポンプ圧送による高強度軽量骨材コンクリートの施工—仙台北部道路3径間連続PCラーメン橋上部工工事、コンクリート工学 Vol. 40, 2002.7

4) 軽量コンクリートの高さ300mへの超高所圧送—高さ300m超高層複合ビル「あべのハルカス」

표 1.7-4 아베노하루카스

공사명	아베노하루카스
공사기간	2011.02~2012.12(경량 콘크리트 시공)
구조	높이 300 m(지상 60층, 지하 5층), 강구조, SRC조
경량골재 콘크리트	단위질량 1,850 kg/m³, 설계기준압축강도 21 MPa, 슬럼프 230 mm

1.7.2 한국의 경량골재 콘크리트 적용 사례[5)]

국내 경량골재의 품질과 생산량의 절대적인 부족현상, 경량 콘크리트의 배합설계 기술의 미비, 경량 콘크리트의 부정적인 인식 등으로 경량골재 콘크리트를 실구조물에 적용한 사례는 비교적 드물다.

국내 경량골재 콘크리트의 적용 사례는 현재까지 아셈 무역센터, 여의도 아일렉스타워 등의 공사에서 슬래브 등에 시범 적용된 사례를 찾아볼 수 있다. 또한 산업은행 본점 신축공사, 영락교회 100주년 기념관, 제주공항 증축공사 등 구조물의 자중경감이 요구되는 부위에 적용된 사례를 찾아볼 수 있다. 그 밖에 경량골재 콘크리트를 패널로 생산하여 오피스 및 주거용 건축물에서 세대 경계벽 및 지하이중벽체로 적용한 사례를 찾아볼 수 있다.

5) http://www.conslove.co.kr/ 콘크리트 최신기술 특집. 한국건설신문. 김덕수.

그림 1.7-2 여의도 아일렉스타워 증측공사 경량골재 콘크리트 타설 전경

1.7.2.1 여의도 아일렉스타워 증축 공사[6)]

본 구조물 증축공사에 국내 최초로 구조용 경량골재 콘크리트를 국산화 및 실용화 하는데 성공한 건축물이다. 여기에 사용된 경량골재 콘크리트는 구조용 경량골재 콘크리트로 일반 콘크리트(2.3 t/m^3)에 비해 단위 질량을 약 25% 정도 감소시킬 수 있었고 이를 콘크리트 구조물에 적용할 경우 전체 구조물의 자중을 20% 이상 줄일 수 있다. 따라서 공사비 절감은 물론 대공간 설계, 지진자중 감소 등의 효과를 볼 수 있다. 특히, 국내에서 생산하여 현장에 적용한 경량골재 콘크리트를 11~15층 증축공사에 사용하여 펌프 압송으로 타설한 국내 최초 사례이기도 하다.

표 1.7-5 여의도 아일렉스 타워 증축 건설공사

공사명	여의도 아일렉스 타워 증축 건설공사
시공사	㈜오구종합건설
준공시기	2006

6) Consturuction Case Study of Pilling Under The Existing, Korean Association lf Professional Engineers Soil Mechanics & Foundation Engineering 2006. pp.210-219.

1.7.2.2 반포 효성빌딩[7)]

본 구조물은 서울특별시 서초구 반포동에 위치한 효성빌딩으로 구조용 경량골재 콘크리트 제품이 일부 구조물에 적용되었다. 경량골재 콘크리트는 채움 콘크리트의 용도로 사용되었으며 연면적 44,780 m³ 의 부지에 지상 강구조, 지하층 RC조 및 기둥은 SRC조의 구조형식을 이루고 있다. 기초형식은 매트기초형식으로 건설되었다.

표 1.7-6 반포 효성빌딩 건설공사

공사명	반포 효성빌딩 건설공사
시공사	효성건설
준공시기	2011.09
구조	지상 20층, 지하 5층(지상 강구조, 기둥 SRC, 지하층 RC조)
경량골재 콘크리트	단위질량 약 1,700 kg/m³, 설계기준압축강도 21 MPa

반포 효성빌딩 시공현황

레미콘 현장배출

Hopper 타설작업

그림 1.7-3 반포 효성빌딩 경량골재 콘크리트 적용 전경

1.7.2.3 아셈(ASEM) 무역센터[8)]

본 구조물은 필로티 등 일부 특수 구조부에 1998년 7월에서 12월까지 공사기간 중 25-18-180 규격의 경량골재 콘크리트를 4회에 걸쳐 438 m³ 적용하였다. 경량골재 콘크리트의 적용으로 건축물에 적용된 부재의 경량화뿐만 아니라 단열, 방음 등의 효과를 통해 건축물 전체의 효용성을 증대시킬 수 있었다.

표 1.7-7 아셈 컨벤션센터 건립 및 한국무역센터 확충 사업

공사명	아셈 컨벤션센터 건립 및 한국무역센터 확충 사업
시공사	현대건설, 대우건설, LG건설, 금호건설
공사기간	1997.09～2000.06
구조	11경간 연속 PC 박스거더교
경량골재 콘크리트	단위질량 1,300 kg/m³, 설계기준압축강도 18 MPa, 사용량 426 m³

---

7) https://www.sun9jo.co.kr/(선구조엔지니어링 홈페이지 홍보자료), http://www.koreascience.kr/article/JAKO201056539823825.pdf

8) http://www.aurum.re.kr/(건축도시정책정보센터 asem 빌딩 관련 자료)

1.7.2.4 한신공영 동부간선로 확장공사

국내 최초로 KS제품 경량골재 콘크리트가 건설현장에 적용된 사례는 2013년 한신공영에서 시공한 동부간선도로 확장 건설현장의 PC 박스거더교로 설계기준압축강도 24 MPa의 경량골재 콘크리트가 약 402 m^3 규모로 적용되었다.

1.7.3 유럽 & 미국의 경량골재 콘크리트 적용 사례[9)]

CEB-FIP 자료[10)]에 따르면, 미국, 유럽 등 다수의 해외 적용사례가 있으며, 1995년부터 경량 콘크리트 Working Group 생길 정도로 역사가 깊다. 다음 표와 같이 적용사례를 표로 나타내었으며, 그 중 대표적인 구조물을 소개하고자 한다.

표 1.7-8 유럽 및 미국의 경량골재 콘크리트 적용 사례

구조물	Application Case	Compressive strength (MPa)	Density (kg/m³)	Effect of Application
빌딩	Lake Point Tower (Chicago)	20~22	1,730	Reduction of slab deadweight
	Marina City Tower (Chicago)	21, 32	1,600	Speedy construction by applying to slab and beam
	Australian Squre (Sydney)	35	1,800	13% Reduction in cost
교량	Oakland Bay Bridge (Sanfrancisco)	36	1,800	Reduction of the amount of reinforced steel
	Vencent Bridge (USA)	31, 55	1,800	27% Reduction in dead load
플랜트	Troll GBS	60~75	1,800 ~2,000	Reduction of deadweight of Offshore Structure
	Troll OLJE (Norway)			
	Gullfaks C platform			

1.7.3.1 Assembly hall in the university of Illinois

1964년에 완공된 Assembly hall in the university of Illinois는 중앙높이가 38 m인 거대한 실내 경기장으로 돔형의 지붕은 24개의 세그먼트로 건설되었다. 단위질량 1,680 kg/m^3, 설계기준압축강도 28 MPa, 슬럼프 30~80 mm인 경량골재 콘크리트를 사용하였으며, 사용량은 23,000 m^3 이었다. 또한, 이전에는 사용된 적이 없던 프리스트레스 방식으로 건설되어 당시에는 최첨단 건설 방식이었다.

---

9) https://www.fib-international.org/publications/fib-bulletins/lightweight-aggregate-concrete-detail.html

10) Lightweight aggregate concrete: Part 1 (guide) - Recommended extensions to Model Code 90; Part 2 (technical report) - Identification of research needs; Part 3 (state-of-art report) - Application of lightweight aggregate concrete(118 pages, ISBN 978-2-88394-048-2, May 2000)

1.7.3.2 Torre Picasso

마드리드 AZCA지구에 있으며, 설계는 뉴욕의 세계무역센터의 설계자로 알려져 있는 미노루 야마사키가 했다. 1988년 완공된 이후부터 2007년까지 스페인에서 가장 높은 초고층 빌딩이었다. 높이 157 m(지상 46층 및 지하 5층)이고, 단위질량 1,890 kg/m^3, 평균압축강도 47 MPa와 슬럼프 200 mm인 경량골재 콘크리트가 사용되었다.

표 1.7-9 Assembly hall in the university of Illinois

공사명	Assembly hall in the university of Illinois
공사기간	1962년 완공
구조	경량 콘크리트 세그먼트로 제작된 원형 지붕 활용(무게 4,400톤), 중앙 높이 38 m
경량골재 콘크리트	단위질량 1,680 kg/m^3, 설계기준압축강도 28 MPa, 슬럼프 30~80 mm, 사용량 23,000 m^3

표 1.7-10 Torre Picasso

공사명	Torre Picasso
공사기간	1982~1988년
구조	높이 157 m(지상 46층, 지하 5층)
경량골재 콘크리트	단위질량 1,890 kg/m^3, 평균압축강도 47 MPa, 슬럼프 200 mm

그림 1.7-4 Assembly hall in the university of illinois(左)와 Nationsbank corporation center, north carolina(右)

1.7.3.3 Nationsbank corporation center, North Carolina

Nations Bank는 현재의 Bank of America인 60층의 빌딩이며, 바닥슬래브와 보에 자중저감, 단열 및 내화성능 확보를 위해 경량골재가 사용되었다. 높이 252 m이며, 단위질량 1,890 kg/m^3, 평균압축강도 47 MPa와 슬럼프 200 mm의 경량골재 콘크리트가 사용되었다.

1.7.3.4 The Heidrun tension leg platform

The Heidrun tension leg platform은 노르웨이에서 건설된 오일 생산 플랫폼으로, 부유식 해상플랫폼 건설을 위해 고강도 경량 콘크리트를 사용했으며, 요구되는 구조물의 내구연한은 60년이었다. 단위질량 1,943 kg/m³ , 평균압축강도 79 MPa와 슬럼프 250 mm의 경량골재 콘크리트가 사용되었으며, 일반골재 50%를 경량골재로 대체하여 사용하였다. 이외에도 The Troll West platform 등 다수의 부유식 플랫폼에 경량 콘크리트가 사용되었다.

그림 1.7-5 Nationsbank corporation center, north carolina(左)와 The Heidrun tension leg platform(右)

표 1.7-11 Nationsbank corporation center, North Carolina

공사명	Nationsbank corporation center, North Carolina
공사기간	1992년 완공
구조	높이 252 m(60층)
경량골재 콘크리트	단위질량 1,890 kg/m³, 평균압축강도 47 MPa, 슬럼프 200 mm,

표 1.7-12 The Heidrun tension leg platform

공사명	The Heidrun tension leg platform
공사기간	1991～1995
구조	높이 345 m 기둥 지름 31 m
경량골재 콘크리트	단위질량 1,943 kg/m³, 평균압축강도 79 MPa, 슬럼프 250 mm

1.7.3.5 The Nordhordland floating bridge

The Nordhordland floating bridge는 368 m의 사장교와 1264 m 길이의 부유식 교량으로 현재까지도 노르웨이에서 두 번째로 긴 교량이다. 사장교는 선박의 출입이 가능하도록 설계되었다. 단위질량 1,918 kg/m³ , 설계기준압축강도 55 MPa, 슬럼프 200 mm의 경량골재 콘크리트를 사용하였다.

1.7.3.6 Grenland Bridge

노르웨이에 1996년 준공된 Grenland Bridge는 사장교로, 총 길이는 608 m, 폭은 12 m, 높이는 168 m, 스팬길이는 305 m 및 기둥의 지름은 31 m이다. 메인 스팬인 305 m에는 강재와 단위질량이 1,894 kg/m³ 의 LC55 경량 콘크리트의 합성으로 건설되었다.

그림 1.7-6 The Nordhordland floating bridge(左)와 Grenland Bridge(右)

표 1.7-13 The Nordhordland floating bridge

공사명	The Nordhordland floating bridge
공사기간	1990~1994
구조	총 길이 1264 m, 기둥 지름 31 m
경량골재 콘크리트	단위질량 1,918 kg/m³, 설계기준압축강도 55 MPa, 슬럼프 200 mm

표 1.7-14 Grenland Bridge

공사명	Grenland Bridge
공사기간	1992~1996
구조	총 길이 608 m, 폭 12 m, 높이 168 m, 스팬길이 305 m, 기둥 지름 31 m
경량골재 콘크리트	단위질량 1,894 kg/m³, 설계기준압축강도 55 MPa

제2장 자재

2.1 구성재료

2.1.1 구성재료 일반

(1) 경량골재 콘크리트의 구성재료 중 시멘트, 물, 혼화 재료 등은 KCS 14 20 12(2.1)을 따른다.

(1) 경량골재 콘크리트의 구성재료 중 경량골재를 제외한 시멘트, 물 및 혼화 재료 등은 KCS 14 20 10의 (2.1 구성재료)에 따라 적합한 것을 사용한다.

2.1.2 경량골재

2.1.2.1 일반사항

(1) 경량골재는 천연경량골재(잔골재 및 굵은골재), 인공경량골재(잔골재 및 굵은골재) 및 바텀애시경량골재(잔골재)로 분류한다. 천연경량골재는 경석, 화산암, 응회암과 같은 천연재료를 가공한 골재이고, 인공경량골재는 고로슬래그, 점토, 규조토암, 석탄회, 점판암과 같은 원료를 팽창, 소성, 소괴하여 생산되는 골재이다. 또한 바텀애시경량골재는

화력발전소에서 부산되는 바텀애시를 파쇄·선별한 골재이다.
(2) 경량골재는 단위용적질량 기준을 만족시키고, 적절한 입도를 가지며 콘크리트 및 강재에 나쁜 영향을 주는 유해물질을 함유해서는 안 되며, 품질의 변동이 작은 것으로 KS F 2527에 적합한 것을 사용한다.
(3) 경량골재는 함수율이 일정하도록 저장하여야 하며, 저장 장소는 빗물이 들어가지 않고 물이 잘 빠지며 햇빛이 들지 않도록 한다.
(4) 잔골재와 굵은골재는 섞이지 않도록 각각 운반하여 저장하여야 한다.
(5) 골재를 다룰 때에는 파쇄되지 않고, 크고 작은 알갱이가 분리되지 않도록 해야 하며, 일반 골재, 먼지, 잡물 등이 섞이지 않도록 하여야 한다.
(6) 경량골재는 일반 골재에 비하여 물을 흡수하기 쉬우므로 이를 건조한 상태로 사용하면 콘크리트의 비비기, 운반, 타설 중에 품질이 변동하기 쉽다. 따라서 양질의 경량골재 콘크리트 제조를 위해서는 시공 및 내구성 조건을 고려하여 경량골재의 적정한 함수율을 정하여 물을 충분히 흡수시키는 프리웨팅(pre-wetting) 처리를 하거나, 경량골재를 기건 또는 함수 상태로 사용 시에는 이러한 특성을 충분히 고려하여야 한다.

(1) 우리나라에서 수급 가능한 인공경량골재 제품으로는 Lytag(영국), Liapor(독일), Leca (덴마크), Stalite(미국) 및 Asanolite(일본) 등이 있다. 표 2.1-1은 인공경량골재들의 원재료, 형상 및 가격에 대한 정보를 나타내며, 제품에 따른 인공경량골재들의 형상은 그림 2.1-1과 같다. 표 2.1-1은 100 m^3 의 골재를 인도-인천항 기준으로 책정된 비용을 나타내며, 표 2.1-2는 골재의 크기, 입도, 절대건조 밀도, 단위용적질량 및 흡수율을 인터넷 공개정보 기준으로 정리된 것이다.
우리나라 화력발전소에서 발생되는 바텀애시경량골재의 생산지(영흥, 서천, 신당진, 태안 및 신보령)에 따른 물리적 성질은 표 2.1-3과 같으며, 이에 대한 바텀애시경량골재의 형상은 그림 2.1-2와 같다. 바텀애시경량골재의 치수가 0～2 mm 및 2～5 mm로 각각 분급되어 제공된 골재(영흥 화력발전소)는 이를 각각 질량비 6:4로 혼합(0～5 mm의 입도)하여 측정한 바텀애시경량골재의 물리적 성질도 포함하고 있다. 표 2.1-3의 모든 바텀애시경량골재는 KS F 2527에서 제시하고 있는 표준입도분포 범위를 벗어난다. 바텀애시경량골재는 다공성 구조로 인해 일반골재에 비해 흡수율이 높음에 따라, 이를 사용한 콘크리트 배합은 높은 배합수량을 필요로 하게 된다. 이로 인해, 콘크리트 배합의 성능 및 안정성에 영향을 끼칠 수 있음에 따라, 많은 주의를 필요로 한다.

표 2.1-1 인공경량골재의 원재료, 형상 및 가격(2018년도 기준)

제품	원재료	형상	가격
Lytag	Fly ash	구형	440 USD/m^3 CIF Busan from Alibaba: 35～55 USD/m^3
Liapor	Clay	구형	from Alibaba: 30～60 EUR/m^3
Leca	Clay	구형	from specialist aggregates: 320 GBP/m^3
Stalite	Slate	불규칙	-
Asanolight	Shale	불규칙	370 USD/m^3 CIF Busan

그림 2.1-1 제품에 따른 인공경량골재의 형상

표 2.1-2 인공경량골재의 물성

	단위용적질량 (kg/m^3)	절대건조 밀도 (kg/m^3)	입도 (mm)	24시간 흡수율 (%)
KS F 2527	ALG/NLG < 880 (CG 1,520)**	CG/NG > 2,500 (CG 2,650)**	5 = 5/20 67 = 5～20	NWA < 3 Granite: 0.5 Limestone: 1.5
KOENlite	750～900	1,300	5/10/20	13
Lytag[1]	700～800[—]*	1,350～1,650[1,390]*	4/20[4/8]*	—[15]*
Liapor[2]	200～1,000[—]*	400～1,800[940]*	4/16[4/16]*	22[21]*
Leca[3]	380～800[320]*	1,250[—]*	4/25[4/10]*	30[—]*
Stalite[4]	770～960(770)**	1,460～1,690(1,360)**	5/20(5/20)**	6(5)**
Asanolight[5]	770～1,200(770)**	1,200～1,750(1,270)**	5/20(5/20)**	11(11)**

인터넷 공개정보 기준으로 *: [참고논문 측정값] 또는 **: (샘플 측정값) 병기

주 1) Lytag Technical Manual-Section 18; Joost Walraven et. al., 1995

2) Liapor Material Safety Data Sheet; Joost Walraven et. al., 1995

3) GBC-India lightweight aggregates; Arnon Bentur et. al., 2001; Leca Catalogue

4) Stalite Physical Characteristics; Stalite Properties and Gradations

5) Taiheiyo Asanolight Catalog

표 2.1-3 생산지에 따른 바텀애시경량골재의 물성 및 비교

종류 / 내용	콘크리트용 골재 (KS F 2527)	표준사 (KS L ISO 679)	바텀애시경량골재						
			A	B	C[1]	D	E	F	G
d_{max}(mm)	0.15~5.0	1.18	2.36	4.75	4.75	4.75	4.75	4.75	4.75
조립률	2.15~3.38	2.51	1.88	4.87	3.08	4.26	4.16	5.22	4.72
단위용적질량 (kg/m³)	1,200 이하	1,722	1,017	633	957	1,053	625	488	576
실적률 예측값	–	0.66	0.67	0.59	0.70	0.68	0.68	0.64	0.68
밀도 예측값 (kg/m³)	–	2,609	1,517	1,072	1,367	1,548	919	762	847
입도(mm)	–	–	0~2	2~5	0~5	0~5	0~5	0~5	0~5
생산지	–	–	영흥	영흥	영흥	서천	신당진	태안	신보령
공정방법	–	–	건식	건식	건식	습식	건식	건식	건식

주 1) A와 B를 6:4로 혼합

그림 2.1-2 생산지에 따른 바텀애시경량골재의 형상

(3) 경량골재는 함수율이 일정하지 않으면 함수량의 계량 관리가 어려우므로 사전에 흡수시킬 경우뿐만 아니라 저장 중에도 함수율이 일정하게 되도록 한다. 또한, 저장시설은 1일 이상 사용할 수 있는 골재를 충분히 저장할 수 있는 크기여야 한다.

(5) 균질한 콘크리트를 만들기 위해서는 잔골재와 굵은골재가 입도별로 섞이지 않도록 각각 운반하여 저장하여야 한다. 또한 구역 내에서 소규모로 운반할 때에는 캐터필러가 붙은 불도저나 쇼벨 등을 사용하면 골재가 파쇄되고, 이것이 골재 중에 섞이면 균질한 콘크리트를 만들 수 없게 될 뿐만 아니라, 필요한 강도를 갖는 콘크리트를 만들 수 없으므로 고무 타이어가 붙은 운반차를 사용한다.

(6) 경량골재의 함수율 관리는 콘크리트 펌프 사용 유무, 압송조건, 내동해성 등을 고려하여 적정한 함수율을 유지할 수 있도록 골재 사용 전 미리 물을 흡수시키는 프리웨팅(pre-wetting) 처리를 해야 한다. 프리웨팅(pre-wetting)은 24시간 이상 침지 또는 스프링클러 등으로 살수하는 방법이 있다. 단, 현장여건 상 프리웨팅(pre-wetting)이 불가능한 경우에는 기건 또는 함수 상태의 경량골재를 사용할 수 있으나 이러한 경우에도 소정의 품질을 확보할 수 있도록 적정 함수율을 유지해야 한다. 한편 동결융해를 반복해서 받는 경량골재 콘크리트는 시공 시 경량골재의 함수율을 작게 하여 사용하는 것이 좋다.

경량골재는 배합 내에서도 함수율이 변한다. 경량골재의 공극은 모세관압력(capillary pressure)을 발생시켜 주변의 물을 흡수한다. 그러나 배합 내 물의 이동은 페이스트의 수분 보존력(water retention)으로 저항을 받으므로, 경량골재는 배합 내에서 공극을 모두 물로 채우지 못하고 흡수율보다 낮은 함수율을 보이게 된다. 프리웨팅(pre-wetting)을 통해 경량골재의 초기 함수율이 상대적으로 높아지면 모세관압력이 줄어들어, 경량골재 콘크리트 배합 내에서 함수율이 감소한다. 반대로 절건 상태의 경량골재는 모세관압력이 매우 커서 자유수를 흡수함으로써 주변 페이스트의 유효 물-결합재비를 감소시킨다. 이러한 경량골재 콘크리트 내 물의 이동은, 그림 2.1-3과 같이 경량골재의 모세관압력과 주변 페이스트의 수분 보존력으로 평형상태로 설명할 수 있다(Kim et al., 2022).

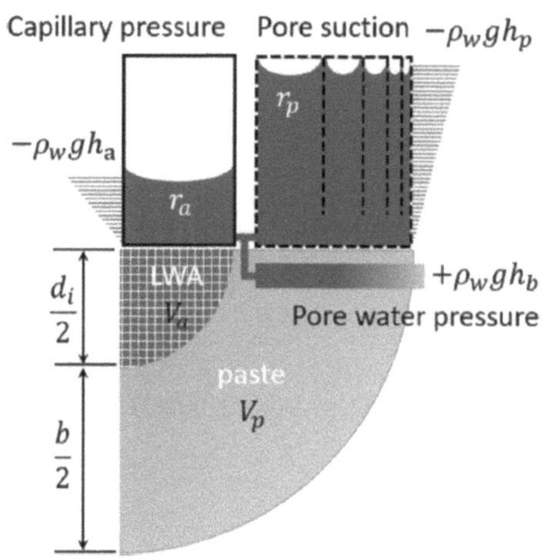

그림 2.1-3 경량골재의 모세관압력과 주변 페이스트의 수분 보존력(Kim et al., 2022)

콘크리트 배합 내 경량골재의 함수율도 경량골재의 특성으로 볼 수 있다. 굵은골재최대치수 20 mm의 인공경량골재와 바텀애시 잔골재의 함수율을 비교 분석하면, 그림 2.1-4와 같다(Kim et al., 2020; Kim et al., 2022). 인공경량 굵은골재의 절건상태 단위용적질량은

791 kg/m³ 이고, 실적률을 기반으로 공극률을 산정하면 52%이다. 인공경량골재는 소성가공을 통해 생산되므로, 닫힌 공극이 전체 부피의 33% 정도로 상대적으로 많고 열린 공극 19% 중 1%만이 배합 내에서 흡수한 물로 채워진다. 그에 반해 바텀애시 잔골재는 공극률이 48%로 상대적으로 낮아 단위용적질량이 957 kg/m³ 로 측정된다. 닫힌 공극은 전체 부피의 21% 정도이고, 배합 내에서 흡수하면 열린 공극 27% 중 20%를 물로 채우게 된다. 잔골재는 비표면적이 상대적으로 작으므로, 많은 양의 페이스트가 경량골재 입자를 둘러싸면서 경량골재의 모세관압력에 영향을 받는다. 이로 인해 경량 잔골재는 상대적으로 배합 내에서 흡수량이 많아 콘크리트의 워커빌리티가 저하된다.

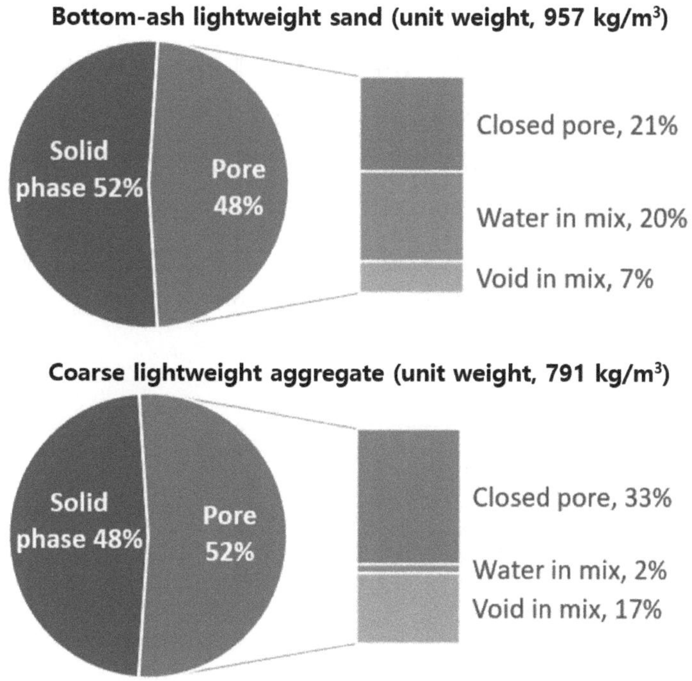

그림 2.1-4 콘크리트 배합 내 경량골재의 함수율

2.1.2.2 입도

(1) 경량골재의 입도는 KS F 2502 체가름시험에 따라 측정하며, 표 2.1-4에 제시된 KS F 2527의 표준 입도를 만족해야 한다.

표 2.1-4 경량골재의 표준 입도

골재의 치수 (mm) \ 체의 치수 (mm)		체를 통과하는 질량 백분율(%)									
		25	20	13	10	5	2.5	1.2	0.6	0.3	0.15
굵은골재	20~13	100	90~100	–	0~10	0~5	–	–	–	–	–
	20~5	100	90~100	–	20~55	0~10	0~5	–	–	–	–
	13~5	–	100	90~100	40~70	0~15	0~5	–	–	–	–
	13~2.5	–	100	90~100	40~75	5~25	0~10	0~5	–	–	–
	10~2.5	–	–	100	85~100	10~30	0~10	0~5	–	–	–
부순 잔골재	5~0.15	–	–	–	100	95~100	80~100	50~90	25~65	10~35	2~15
부순 잔골재 이외의 잔골재	5~0	–	–	–	100	95~100	80~100	50~85	25~60	10~30	2~10

(2) 경량골재에 포함된 잔 입자(0.08 mm체 통과량)는 KS F 2511 씻기 시험에 따라 측정하며, 굵은골재는 1% 이하, 잔골재는 5% 이하여야 한다.

(1) 경량골재의 표준 입도는 질량 백분율로 표시한다. 이는 경량골재는 입경에 따라서 밀도가 달라지는데, 일반적으로 입경이 작을수록 밀도가 커진다. 이 경향은 잔골재의 경우에 특히 현저하다. 잔골재에서는 0.1~0.2 정도 밀도의 차이가 생기게 된다.
경량골재를 잔골재로 사용할 경우, 표 2.1-1의 입도를 만족하지 않으면 천연 잔골재를 일부 치환하여 입도를 만족시켜 사용할 수 있다.

(2) 경량골재는 그 제조과정에서 미세한 분말이 생기기 쉬우며, 이 미립자는 소결된 것으로서 점토, 실트질로 약간의 포졸란 반응을 일으키는 경우도 많다. 씻기 시험에서 손실되는 양의 한도를 일반 골재보다 큰 값으로 허용하므로 불특정 대상 무더기의 골재 조립률이 허용 값에서 7 % 이상 차이가 나면, 이 골재가 필요한 성질을 갖는 콘크리트를 생산할 수 있다는 근거가 없이는 그 무더기를 사용해서는 안 된다. 이런 이유로 경량골재 중에서 씻기 시험에서 없어지는 양의 한도를 일반 골재의 경우보다 큰 값까지 허용한 것이다. 단, 바텀애시잔골재는 KS F 2527의 5% 이하를 허용 값으로 한다.

2.1.2.3 물리적 품질

표 2.1-5 경량골재의 단위용적질량

종 류	단위용적질량의 최댓값(kg/m³)	
	인공 · 천연경량골재	바텀애시경량골재
잔골재	1,120 이하	1,200 이하
굵은골재	880 이하	
잔골재와 굵은골재의 혼합물	1,040 이하	

(1) 경량골재의 단위용적질량은 KS F 2505에 따라 기건 상태에서 측정하여, KS F 2527에 적합한 소요의 단위용적질량을 가져야 한다. 천연경량골재와 인공경량골재는 표 2.1-5에서 제시된 단위용적질량 이하이어야 하고, 바텀애시경량골재는 1,200 kg/m^3 이하이어야 한다.
(2) 경량골재의 단위용적질량은 변동 폭이 작아야 하며, 골재 납품서 또는 골재 시험 성적서에 제시된 값과의 차이가 ±10% 미만이어야 한다.
(3) 경량골재 중 굵은골재의 부립률은 KS F 2531에 따라 측정하고, 질량 백분율로 10% 이하이어야 한다.
(4) 경량골재의 흡수율은 KS F 2529 또는 KS F 2533에 따라 측정하여, 사전에 제시된 범위에 들어야 한다.
(5) 경량골재 콘크리트의 건조 수축은 KS F 2527에 따르며, 골재의 최대치수가 13 mm 이하인 때에는 50 mm×50 mm×280 mm의 강제몰드를 이용한다. KS F 2462에 따라 7일간 습윤실에서 양생 후 공시체를 꺼낸 후 곧 초기 길이를 측정한다. 7일간 습윤실에서 양생 후 꺼냈을 때의 초기 길이와 재령 100일에서의 측정길이의 차를 0.01% 정밀도로 각 공시체에서 측정하고, 그 평균값을 건조수축으로 기록한다.

(1) 소요의 단위용적질량을 가지며, 균질의 경량골재 콘크리트를 만들기 위해서는 경량골재가 소요의 단위용적질량의 것이며, 변동폭이 적어야 한다. 경량골재의 단위용적질량은 인공경량골재 또는 천연경량골재를 굵은골재로 사용 시 880 kg/m^3 이하, 잔골재는 1,120 kg/m^3 이하여야 한다. 또한 굵은골재와 잔골재를 혼합할 경우에는 단위용적질량 1,040 kg/m^3 이하의 것을 사용한다. 바텀애시경량골재는 잔골재로 사용 시 단위용적질량 1,200 kg/m^3 이하여야 한다. 경량골재의 단위용적질량 시험은 KS F 2505에 따라 실시하며 그 시험 값은 시료를 절대건조 상태로 하여 표시한다. 상기 언급한 경량골재의 단위용적질량에 대해 골재관련 표준이 통합되기 전인 KS F 2534:2009(구조용 경량골재)에서는 느슨한 상태에서의 단위용적질량으로 규정하고 있지만, 통합된 KS F 2527:2020(콘크리트용 골재)는 이를 명시하고 있지 않다. KS F 2505:2017(골재의 단위용적질량 및 실적률 시험 방법)에는 단위용적질량 시험 시 시료를 채우는 방법으로 봉 다지기 또는 충격에 의한 방법만을 명시하고 있으나, 국제표준에서는 봉 다지기에 의한 방법, 충격에 의한 방법 외에 다지기를 하지 않는 방법도 규정하고 있다. 일반적으로 경량골재의 단위용적질량은 느슨한 상태에서 시험한 값으로 통용되고 있기 때문에 단위용적질량 시험 시 시료를 채우는 방법에 대해 명확히 해야 한다. 참고로 다지기를 하지 않는 방법과 봉 다지기 또는 충격에 의한 방법은 실적률이

5%에서 8% 차이가 발생한다.

(2) 경량골재의 단위질량은 골재의 밀도, 입경, 입도 등의 변화에 민감하므로, 경량골재의 단위질량의 변화는 골재품질의 변화를 나타낸다. 또 콘크리트의 단위질량이나 반죽질기의 변화의 원인도 되므로 콘크리트의 품질관리를 위해 허용 값을 10% 이상 차이가 나지 않게 하고 있다.

(3) 경량 굵은골재에서 골재의 밀도가 너무 작으면 콘크리트의 강도가 떨어질 수 있다. 또한, 콘크리트 타설이나 다짐할 때 골재가 표면으로 떠올라 콘크리트의 상부에 굵은골재가 몰리게 되어 강도가 약해지고 표면 마무리도 곤란한 경우가 있다. 그래서 물에 뜰 정도로 밀도가 작은 굵은골재도 일종의 유해물로 간주한다. 이러한 이유로 경량 굵은골재의 부립률 시험이 필요하다.

2.1.2.4 유해물 함량의 한도

(1) 경량골재의 강열감량 측정은 KS L 5120에 따르며, 5% 이하이어야 한다.
(2) 경량골재의 점토 덩어리량 측정은 KS F 2512에 따르며, 2% 이하이어야 한다.
(3) 경량골재의 철 오염물 시험은 KS F 2468에 따르며, 진한 얼룩이 생기지 않아야 한다. 진한 얼룩이 생길 경우 화학적 시험을 실시하고, 1.5 mg 이상의 산화철(Fe_2O_3)을 함유하고 있는 것을 사용하면 안 된다.
(4) 바텀애시경량골재의 삼산화황(SO_3) 성분은 0.8% 이하이어야 한다.

(1),(2) 경량골재의 제조 및 저장상태가 양호하면 유해물질 함유량의 한도를 만족시키는 것은 그렇게 어려운 것이 아니다. 단, 경량골재가 완전히 소성되지 않은 상태 또는 원료나 기타 점토가 혼입되는 것 등을 고려하여 허용 값을 규정한다.
바텀애시에는 다량의 미연소 탄소가 포함될 수 있으며 탄종 및 연소효율에 따라 차이가 발생한다. 이는 굳지 않은 콘크리트의 워커빌리티와 공기량에 영향을 미치게 되어 강열감량이 높은 바텀애시를 잔골재로 사용할 경우 동일한 워커빌리티와 공기량을 확보하기 위해 보다 많은 혼화제의 사용으로 비경제적인 요인이 된다. 또한 입자가 큰 미연소 탄소는 콘크리트의 표면에서 박리현상을 발생시켜 콘크리트 표면의 품질을 저하시키는 요일인 될 수 있다.

(3) 콘크리트의 표면에 얼룩이 생기는지를 나타내는 철 성분을 함유한 경량골재에서의 정도를 정의하는 방법이다.

(4) 국내 화력발전소에서 발생되는 바텀애시의 삼산화황(SO_3)은 탄의 종류와 연소효율에 따라 함유량에 차이가 발생한다. 일반적으로 황을 포함하고 있는 산화물은 바텀애시와 같이 급랭 처리된 유리상 골재의 내부에 분산 포함되어 존재하므로 안정적으로 생각되지만, 황산화물이 다량 존재하면 시멘트 구성 광물 중 $C_3A(3CaO \cdot Al_2O_3)$와 반응하여 팽창성 에트린가이트가 생성되어 콘크리트의 침식을 발생시키기 때문에 콘크리트 구조물에서는 문제가 될 수 있다. 그러나 국내 유연탄 화력발전소에서 발생되는 삼산화황은 탈황공정을 거치면서 탈황석고로 생성되어 재활용되기 때문에 바텀애시는 대부분 0.8% 이하의 삼산화황을 함유하고 있다. 0.8%를 초과하는 바텀애시경량골재를 사용할 경우에는 내황산염시멘트를 사용하는 것이 바람직하다.
순환유동층보일러에서 채취한 바텀애시경량골재의 경우에는 석고 성분 이외에 생석회가 포함되어 있어, 콘크리트 배합 직후에 온도가 급격하게 상승하는 경우가 있으므로 사용하면 안 된다. 이에 대해 향후 시방 개정이 필요하다.

2.1.2.5 내구성

(1) 경량골재 중 굵은골재의 안정성은 KS F 2507에 따라 측정하여, 그 손실량이 12% 이하이어야 한다. (2) 경량골재 중 잔골재의 안정성은 KS F 2507에 따라 측정하여, 그 손실량이 10% 이하이어야 한다. (3) 상기된 경량골재 안정성의 손실량이 허용 값을 넘는 골재라도 동일한 골재원에서 채취한 골재로 만든 콘크리트가 KS F 2456에 따른 급속 동결 융해 시험 결과 만족한 결과를 얻었거나, 또는 동일한 골재원이 없을 경우 만족한 결과를 입증할 수 있는 실례가 있을 경우에는 사용해도 좋다. (4) 바텀애시경량골재의 염화물(NaCl 환산량) 함유량 측정은 KS F 2515에 따르며, 0.025 g/cm^3 이하이어야 한다.

(1) 골재의 내구성시험에는 KS F 2507이 있으나, 인공경량골재는 일반적으로 이 방법으로는 만족할 만한 내구성 시험을 할 수가 없다. 또한, KS F 2527에도 인공경량골재의 안전성 관련 기준은 제시되지 않았다. 부득이 경량골재의 안정성 검토가 필요한 경우 천연골재의 기준을 따르도록 한다. 경량골재 콘크리트의 동결융해에 대한 내구성은 골재 내부의 공극

구조와 주위의 모르타르 내의 공극 구조와의 연관성에 의해 결정된다. 그러므로 골재만을 단독적으로 내구성을 시험하도록 규정하지 않고 경량골재 콘크리트의 실제 적용 사례나 동결융해시험에 의해 그 골재의 내구성을 확인할 수 있도록 규정한 것이다. 경량골재 콘크리트의 동결융해시험 결과는 시험 방법에 따라 현저하게 달라지므로 현장의 기상조건 등을 고려하여 시험 방법을 결정하는 것이 좋다.

(4) 해수에 의해 매립되어 있거나, 해수를 사용하여 습식으로 냉각된 바텀애시의 경우, 염화물 함유량이 높을 수 있어 잔골재로 사용할 시 철근 부식을 유발할 수 있다. 단, 무근 콘크리트에 사용할 경우에는 적용하지 않는다.

2.2 배합

2.2.1 일반사항

(1) 경량골재 콘크리트의 배합은 구조물에 요구되는 단위질량, 강도, 내구성, 수밀성, 균열저항성, 철근 또는 강재를 보호하는 성능을 갖는 범위 내에서 단위수량을 가능한 작게 할 수 있도록 정하여야 한다.
(2) 경량골재 콘크리트는 공기연행 콘크리트로 하는 것을 원칙으로 한다.
(3) 경량골재 콘크리트의 배합에 대해 별도로 제시되지 않는 경우 KCS 14 20 10(2.2)에 따른다.

(1) 경량골재 콘크리트는 천연골재를 사용하는 일반 콘크리트와의 가장 큰 차이는 콘크리트의 질량이 낮으므로, 경량골재를 사용한 콘크리트의 배합 또한 일반 콘크리트와 달리 설계하여야 한다. 일반적으로 단위용적질량을 낮추기 위해서 경량골재 콘크리트를 사용하므로, 경량골재를 잔골재보다는 굵은골재만 사용하는 경우가 많다. 그 이유는 경량 잔골재가 경량 굵은골재보다 공극량이 적어 밀도가 높고, 경량골재 제조에 필요한 펠리타이저(pelletizer)를 이용하여 입자를 작게 만드는 데에도 생산성과 경제성 등의 효율이 떨어져 굵은골재를 만드는 것이 밀도가 낮고 생산효율이 훨씬 높다. 또한 현장 적용을 위해서는 레미콘을 통하여 경량골재 콘크리트를 제조하여야 하며, 이 경우 레미콘 공장에서 골재 호퍼를 사용하는 데에 있어서 경량골재를 호퍼에 투입하여야 한다. 잔골재와 굵은골재를 모두 경량골재를 사용하게 되면 일반 콘크리트 생산에 지장을 초래하므로 경량골재를 굵은골재로 사용하고, 잔골재는 천연

모래로 사용하는 것이 일반적이고 일반 콘크리트를 생산하는 데에도 큰 문제가 없다. 경량골재 콘크리트를 제조할 경우에는 일반 콘크리트와 동일하게 내구성 문제를 고려하여 목표로 설정한 유동성을 만족하는 범위에서 가능한 단위수량을 적게 하여야 한다. 경량골재의 높은 흡수율로 인하여 콘크리트 제조 전에 프리웨팅(pre-wetting)을 실시하더라도 경량골재의 흡수율만큼 배합수의 흡수가 가능하고, 이로 인한 유동성 손실을 가져올 수 있으므로 사전에 충분한 예비실험이 필요하고, 경량골재의 함수율을 일정하게 관리하는 것이 매우 중요하다. 또한 배합수의 흡수와 시간 경과에 따른 유동성 손실을 감안하여 적절한 고성능 감수제를 혼합함으로써, 유동성의 발현과 시간에 따른 손실도 최소화할 수가 있다. 경량골재 콘크리트에서 가장 중요한 항목인 단위용적질량을 만족시키는 것이 중요하며, 이를 위해서는 경량골재와 보통골재를 적절히 배합하여야 한다. 그리고 경량골재의 프리웨팅(pre-wetting)을 통한 함수량 관리가 매우 중요하고, 사전에 충분한 예비실험을 통하여 콘크리트의 특성을 분석하여야 한다.

그림 2.2-1은 일반적인 콘크리트의 배합설계 순서를 나타낸 것이다. 경량골재를 사용한 콘크리트의 배합설계도 이와 크게 다르지는 않다. 다만, 앞선 설명과 같이 경량골재는 일반 골재와 품질특성이 크게 다르므로, 일반 콘크리트보다 배합을 결정한 후 시험비비기를 실시하고, 재령이 경과함에 따라 압축강도 발현 정도를 충분히 검토하여야 할 것이다.

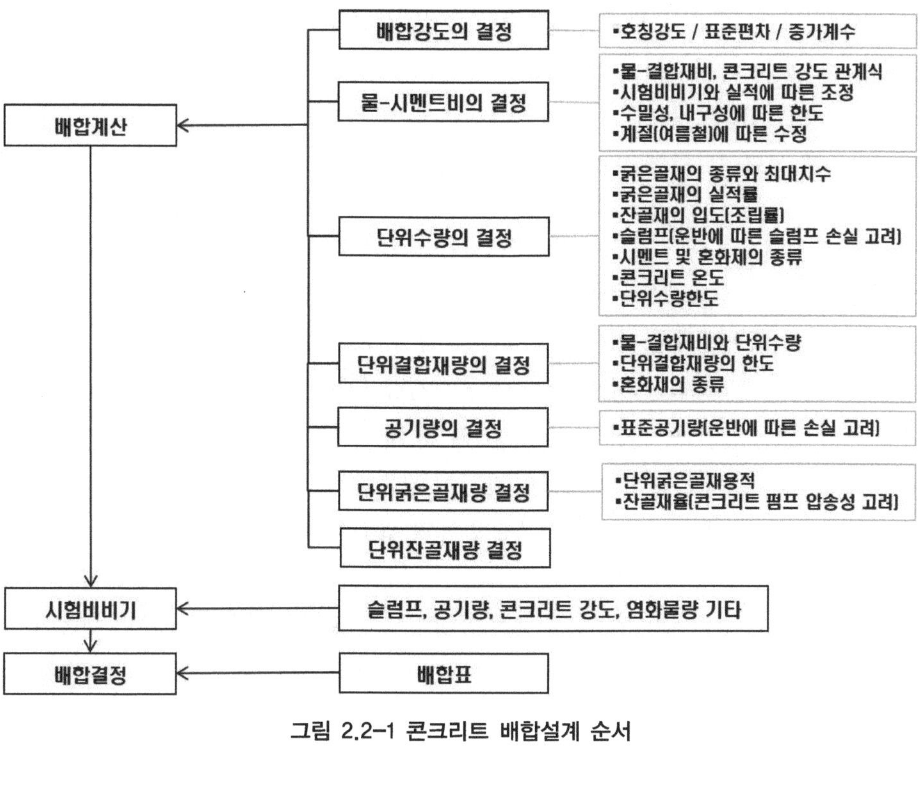

그림 2.2-1 콘크리트 배합설계 순서

최근에는 경량골재 제조기술의 발달로 인하여 흡수율이 적은 경량골재가 개발되고 있으며, 이러한 골재를 사용할 경우에는 콘크리트의 배합수를 흡수하는 양이 적어 유동성 확보에도 도움이 되고, 흡수율이 높은 경량골재를 사용하더라도 고성능 AE감수제를 사용한다면 배합수 흡수에 따른 유동성 손실을 감소시킬 수가 있어 목표로 설정한 유동성을 만족시키기 위한 단위수량 감소가 가능하다.

(2) 경량골재 콘크리트는 경량골재 자체에 많은 공극을 포함하고 있어 이를 사용한 콘크리트 역시 공기량이 높아지게 된다. 이 또한 프리웨팅(pre-wetting)을 통하여 경량골재의 공극이 물로 충만하지 않을 경우에는 콘크리트 제조 후에 공기량이 높아지므로 프리웨팅(pre-wetting)을 충분하게 실시하고, 예비실험을 통하여 그 특성을 파악하여야 한다. 그리고 최근에는 폴리카르본산(PC)계 고성능 감수제 사용이 일반적이므로 혼화제 특성상 자체적으로 콘크리트 혼합시에 공기량이 발현하므로, 이를 고려하여 공기연행(AE)제의 사용을 정하여야 할 것이다.
KS F 4009(레디믹스트 콘크리트)에서 경량 콘크리트는 공기량의 기준이 (5.5±1.5)%로 일반 콘크리트보다 1% 높게 설정되어 있어 경량골재 내부의 공극으로 인한 것으로 판단된다. 그리고 공기량이 높으면 단위용적질량은 감소하지만 압축강도 또한 감소하고, 경량골재 내부에 남아 있는 수분이 동결융해 저항성에는 취약하게 되므로 공기량 기준을 준수하는 것이 매우 중요하다.

(3) 경량골재 콘크리트의 배합에 대하여 제시되지 않은 경우에는 KCS 14 20 10의 (2.2) 배합에 따르며, 기존의 연구 자료와 시공실적을 참고하여야 하고, 경량골재 콘크리트를 생산할 경우에는 과거에 생산실적이 있는 레미콘공장을 선정하여 관련 기술자들의 생산경험을 참고로 한다. 이 경우 경량골재의 품질에 따라 이를 사용한 경량골재 콘크리트의 특성도 크게 달라지므로, 배합설계 전에 경량골재의 품질에 대한 충분한 검토가 이루어져야 한다. 그러한 생산실적이 없을 경우에는 레미콘 공장에서 사용하고 있는 재료를 사용하여 실내실험을 실시하여 콘크리트 배합의 적합성을 평가한 후에 레미콘 공장에서 경량골재 콘크리트를 생산하여야 한다.

2.2.2 물-결합재비

(1) 콘크리트의 압축강도를 기준으로 하여 물-결합재비를 정할 경우, 압축강도와 물-결합재비와의 관계는 동일한 경량골재를 사용한 시험에 의하여 정한다. 이때 공시체는 재령 28일을 표준으로 하고, 압축강도는 3회 강도 시험 값의 평균값으로 한다.
(2) 경량골재 콘크리트의 최대 물-결합재비는 60%를 원칙으로 한다.
(3) 콘크리트의 내동해성 또는 황산염에 대한 내구성을 기준으로 물-결합재비를 정할 경우, 노출상태에 따라 최소 설계기준압축강도를 27, 30, 또는 35 MPa로 설정한다. 노출상태에 대한 정의 및 구체적인 요구사항은 KCS 14 20 10(2.2)에 따른다.

(1) 콘크리트의 압축강도를 기준으로 하여 물-결합재비를 정할 경우에는 실제 경량골재 콘크리트의 압축강도를 근거로 하여야 한다. 앞선 설명과 같이 경량골재는 내부에 공극을 많이 갖고 있기 때문에 천연골재 콘크리트와는 그 특성이 다르다. 따라서 천연골재를 사용한 보통콘크리트의 물시멘트비를 적용하면 콘크리트의 특성이 다른 결과를 나타낼 수 있으므로, 반드시 경량골재를 사용한 콘크리트의 결과를 적용하여야 한다.
프리웨팅(pre-wetting)을 실시한 경량골재를 대상으로 콘크리트를 제조하였더라도, 자연적인 상태에서는 프리웨팅(pre-wetting)을 충분히 실시하여도 골재 내부는 물을 충만시킬 수 없기 때문에 경량골재를 사용하여 콘크리트를 제조하게 되면 배합수의 흡수가 발생하여 물-결합재비가 낮아지고, 목표로 설정한 압축강도보다 높아질 수 있으며, 이로 인하여 콘크리트의 유동성과 내구성에도 영향을 미치게 된다. 따라서 물-결합재비를 정할 경우에는 반드시 충분히 기존의 실적자료나 예비실험을 통하여 정하여야 하며, 최초에 계획한 물-결합재비보다 감소하므로, 이에 대한 충분한 검토가 필요하다.

(2) 경량골재 콘크리트의 물-결합재비는 최댓값을 60%를 원칙으로 한다. 물-결합재비 60%는 KCS 14 20 10의 일반 콘크리트의 배합에서 단위수량의 최댓값 185 kg/m³ 에서 물-결합재비 65%를 적용하면 단위결합재량은 285 kg/m³ 이 되고, 60%를 적용하면 결합재가 308 kg/m³ 이 되어 2.2.3에서 단위결합재량을 300 kg/m³ 이상으로 설정하였다. 그리고 경량골재 콘크리트는 품질관리 문제로 인하여 일반 콘크리트보다 결합재가 많아야 하므로, 일반 콘크리트보다 낮은 물-결합재비를 60% 이하로 설정하는 것이 바람직하다. 물-결합재비가 이 값보다 높게 되면 단위수량이 높아지거나, 단위결합재량이 적어져 유동성과 강도특성, 그리고 내구성에서도 문제가 발생하게 되어 경량골재 콘크리트 배합에서는 가능한 단위수량은 적게 하고, 단위결합재량은 높여야 한다. 특히 내구성이 필요한 구조물에 사용할

경우에는 물-결합재비를 5% 정도 낮춰야 하며, 수밀성이 요구되는 구조물에 사용한 콘크리트의 물-결합재비는 55% 이하를 표준으로 하는 것이 바람직하다.
참고로 우리나라와 환경이 유사한 일본의 JASS5에서는 경량골재 콘크리트의 단위시멘트량의 최솟값은 320 kg/m³ , 물시멘트비의 최댓값은 55%로 하고 있어 우리나라보다는 다소 강화된 기준을 적용하고 있으며, 우리나라에서도 다양한 조건을 고려하여 내구성과 사용성 측면에서 볼 때에는 일반 콘크리트보다 경량골재 콘크리트의 배합 기준을 높일 필요가 있다.

(3) 내동해성 및 황산염에 대한 내구성을 기준으로 하는 경우에는 KCS 14 20 10(2.2)의 표 2.2-3과 표 2.2-4에 제시된 기준에 따른다. 이때 경량골재 콘크리트는 최대 물-결합재비 기준은 적용하지 않고, 최소 설계기준압축강도 기준만 적용한다. ACI 301도 유사하게 규정되어 있고, JASS 5에서는 경량골재 콘크리트의 설계기준압축강도를 경량 콘크리트 1종은 36 MPa 이하, 경량 콘크리트 2종은 27 MPa 이하로 제한하고, 설계공용기간의 등급에 따라 내구설계기준압축강도를 18 MPa, 24 MPa 및 30 MPa으로 설정하고 있다. 경량골재 콘크리트의 노출상태에 대한 정의 및 구체적인 요구사항은 KCS 14 20 10(2.2)에서 수밀성 기준, 탄산화 저항성 기준, 제빙화학제가 사용되는 경우의 물-결합재비 최댓값은 50%, 55% 및 45%로 제시하고 있으며, 이는 보통콘크리트에 대한 규정으로 경량골재 콘크리트에 대해서도 유효한지는 확인된 바 없으므로, 기존의 시공실적 자료나 연구문헌을 참고하여 정한다. 따라서 경량골재 콘크리트가 특수환경에 노출되는 경우에는 설계기준압축강도를 기준으로 배합을 정하여야 한다. 2022년 KS F 4009의 개정으로 추후 시방 변경이 필요하다.

2.2.3 단위결합재량

(1) 단위결합재량은 원칙적으로 단위수량과 물-결합재비로부터 정하여야 한다. 이때, 경량골재 콘크리트의 단위결합재량의 최솟값은 300 kg/m³ 이상이어야 한다.

(1) 콘크리트 제조에서 결합재로써, 시멘트만 사용하던 것이 최근에는 시멘트 및 레미콘산업에서도 원가절감과 자원재활용, 이산화탄소 저감에 의한 탄소중립 등의 다양한 사유로 인하여 콘크리트 제조에 시멘트 대체재료로서 혼화재(플라이애시, 고로슬래그 미분말, 실리카 퓸 등)를 함께 사용하고 있는 추세이므로, 시멘트를 결합재로 바꾸고, 1.7절에 제시되어 있는 단위결합재량의 최솟값을 나타냈다. JASS 5에서는 경량골재 콘크리트의 단위시멘트량을 320 kg/m³ 이상, 물시멘트비를 55% 이하로 제시하고 있어 우리나라보다는 강화된

기준이다. 따라서 경량골재 콘크리트에서는 물-결합재비를 60% 이하로 하고, 결합재량을 300 kg/m³ 이상으로 하면 단위수량은 180 kg/m³ 이하로 되므로, 보통콘크리트보다 고품질의 콘크리트 제조가 가능할 것으로 판단된다.

2.2.4 슬럼프

(1) 콘크리트의 슬럼프는 작업에 알맞은 범위 내에서 작게 한다. (2) 슬럼프는 작업이 가능하도록 80 mm에서 210 mm를 표준으로 한다.

※ 개정이 필요한 부분으로 아래 해설 부분에 개정안을 제시하였음.

(1) 경량골재 콘크리트는 단위질량이 작기 때문에 동일한 반죽질기를 갖는 일반 콘크리트에 비하여 슬럼프가 작아지는 경향이 있으므로 단위수량을 높여 슬럼프를 크게 하는 것이 일반적이다. 경량골재 콘크리트의 워커빌리티는 진동다짐을 하는 경우에도 동일한 슬럼프의 일반 골재를 사용한 콘크리트와 같거나 또는 그보다 더 좋으므로, 경량골재 콘크리트의 슬럼프는 일반 콘크리트와 같거나 그 이하로 하여도 좋다. 다만, 경량골재의 밀도가 천연골재보다 크게 작으므로 작업성을 높이기 위해서 슬럼프를 높게 하면 마감작업에서 다른 재료와의 밀도 차이로 인하여 경량골재가 부립(浮粒, 골재가 콘크리트 표면으로 떠오름)하는 현상이 발생하므로 작업성을 너무 높이지 않아야 한다.

(2) 이 부분은 '슬럼프는 작업이 가능하도록 150 mm에서 210 mm를 표준으로 한다.'로 개정이 필요하다. 경량골재 콘크리트는 일반 콘크리트와 동일하게 시간경과에 따라 슬럼프가 목표로 설정한 값보다 손실되었거나, 작업성 증진을 목적으로 슬럼프를 높일 필요가 있을 경우에는 유동화제를 사용할 수 있다. 그러나 유동화제 사용에 의한 경량골재 콘크리트의 슬럼프 증진에는 한계가 있으므로, 시간경과에 따른 슬럼프 손실을 감안하여 콘크리트 제조 시의 슬럼프를 높은 값으로 제조하여 KS F 4009(레디믹스트 콘크리트)의 기준인 150 mm에서 210 mm 정도가 되도록 한다. 대부분의 건설현장에서 사용하는 콘크리트는 최종 마무리작업에는 인력에 의존하므로, 대체적으로 슬럼프가 150 mm 이상은 되어야 원활한 작업이 가능하기 때문에 이러한 현장에서의 상황을 감안한 배합설계와 콘크리트 제조가 되어야 할 것이다.
경량골재 콘크리트를 콘크리트 펌프카에 의해 운반하거나 배근이 조밀한 장소에 타설 또는 슬럼프를 크게 사용하는 경우 유동화 콘크리트를 적절하게 사용하면 콘크리트의 품질저하

없이 양호한 시공을 할 수 있다. 다만, 작업성 편이를 목적으로 유동화제를 과다하게 사용하여 슬럼프를 기준보다 크게 높이게 되면 경량골재의 부립현상이나 펌프카의 막힘의 원인이 되는 재료분리 현상이 발생하므로, 슬럼프를 반드시 기준값 이내로 하여야 한다. 그리고 프리웨팅(pre-wetting)을 충분히 실시하지 않으면 경량골재 내의 공극에서 펌프 압송 중에 압력의 흡수가 발생하여 슬럼프 180 mm 미만에서는 슬럼프 손실로 인한 배관의 막힘현상이 발생하기 때문에 주의가 필요하다.

(3) 이 부분은 '경량골재 콘크리트를 유동화 콘크리트로 제조할 수 있다.'는 항의 추가가 필요하다. 경량골재 콘크리트를 유동화 콘크리트로서 제조, 시공한 경우에는 건설기준코드 KCS 14 20 31 유동화 콘크리트에 따른다.

2.2.5 공기량

(1) 경량골재 콘크리트의 공기량은 KS F 2449에 따른 용적법으로 측정하며, 경량골재의 흡수율이 적으면 KS F 2421(압력법)의 방법으로 할 수 있다. 공기량은 5.5%를 기준으로 그 허용오차는 ±1.5%로 한다.
(2) 경량골재 콘크리트의 공기량은 골재수정계수를 사전에 측정하여 적용하여야 한다.

(1) 일반적으로 보통콘크리트의 공기량은 KS F 2421의 압력법으로 측정하고 있으며, KS F 2449의 용적법은 그 시험 방법이 번거롭고, 대부분의 품질관리 담당자들에게는 다소 생소한 것으로 알려져 있어, 공기량 시험 방법에 KS F 2421의 압력법도 가능하도록 하였다. 입형이 큰 굵은골재를 사용한 경량골재 콘크리트는 다루기가 적합하지 못하면 재료 분리가 일어날 가능성이 있다. 이것을 줄이기 위해 공기량을 일반 콘크리트보다 1% 정도 많은 공기량의 사용을 원칙으로 한다. JASS 5에서는 경량골재 콘크리트의 공기량에 대해 5%를 기준으로 하고, ACI 318에서는 노출상태에 따라 4.5%, 5.0% 및 6.0%를 제시하고 있어, 모든 표준에서 KS F 2421 압력법이 아닌 KS F 2449의 용적법으로 경량골재 콘크리트의 공기량을 측정하여야 한다.

(2) 용적방법에 의한 공기량 시험을 사용할 경우에는 경량골재의 흡수에 대한 골재수정계수를 정확히 측정해야 한다. 재료를 입고할 때, 다른 경량골재를 사용할 때, 경량골재의 함수량이 현저히 변화할 때마다 골재의 수정계수를 측정할 필요가 있다.
압력방법에 의한 공기량 시험은 흡수량이 많은 경량골재를 사용한 콘크리트의 경우에는

골재의 가압 흡수에 따라서 측정값이 부정확하므로 사용해서는 안 된다. 그러나 품질관리를 목적으로 공기량을 측정할 경우나, 흡수량이 적은 경량골재를 사용한 콘크리트의 공기량을 측정할 경우 압력방법에 의해 측정해도 좋다. 이 경우에도 골재수정계수를 측정하여 경량골재 콘크리트의 공기량 산정에 반영하여야 한다.

경량골재 콘크리트의 공기량은 압력법이 일반적인데 비하여 그 정확성이 의심되고, 용적법에 의한 경우는 시험 방법이 번거롭고, 숙련도의 문제가 있을 수 있다. 이럴 경우에는 간단한 방법으로 공기량 시험용기(7리터)를 사용하여 질량을 측정한 후에 각 재료의 밀도와 사용량을 산정함으로써, 공기량을 산정할 수가 있다. 따라서 콘크리트의 공기량은 다양한 방법으로 측정할 수 있으나, 골재의 공극으로 그 결과에 의심이 있을 경우에는 사전에 협의한 방법으로 실시하여야 한다.

2.2.6 비비기

(1) 경량골재 콘크리트는 믹서의 비비기 효율, 믹서 안에서 골재가 흡수하는 정도 등을 고려하여 슬럼프, 강도 등 소정의 품질과 성질을 갖도록 제조하여야 한다.
(2) 경량골재 콘크리트의 비비기 시간은 믹서의 형식 및 사용 방법, 비비기 성능을 고려하여 KS F 2455에 의해 정하는 것을 원칙으로 한다. 표준 비비기 시간은 믹서에 재료를 전부 투입한 후 강제식 믹서일 때는 1분 이상, 가경식 믹서일 때는 2분 이상으로 하여야 한다.
(3) 비비기에 대한 기타 사항에 대해서는 KCS 14 20 10(2.2.13)에 따른다.

(1) 경량골재 콘크리트의 제조를 위해 재료를 믹서에 투입하는 순서는 비비기 효율, 믹서 안에서의 골재의 흡수 정도에 따라 큰 영향을 받는다. 건조한 경량골재는 습윤 상태의 골재에 비해 믹서 안에서 물을 상당히 흡수하여 콘크리트의 슬럼프, 강도의 품질 변화, 배관막힘현상의 원인이 된다. 따라서 일반적으로 알려져 있는 것과 같이 콘크리트 제조하기 전에 스프링클러와 같은 설비를 이용하여 경량골재에 프리웨팅(pre-wetting)을 충분히 실시하여야 하며, 야적장과 같이 넓고, 많은 경량골재가 있을 경우에는 프리웨팅(pre-wetting)을 실시하더라도 경량골재 전체가 균일한 함수량을 갖는 것이 불가능하므로, 콘크리트 제조시 함수량을 확인하여 품질변화가 없도록 하여야 한다.

(2) 경량골재 콘크리트의 비비기 효율은 골재의 종류, 콘크리트의 슬럼프, 믹서의 형식 및 용량 등에 따라 다르므로 필요한 비비기 시간은 KS F 2455와 KS B ISO 18650-2에서

정하는 압축강도시험, 공기량시험, 슬럼프시험에 의해 정하는 것을 원칙으로 한다. 믹서의 형식 및 용량에 따라 경량골재 콘크리트의 비비기 효율이 일반 콘크리트에 비하여 저하할 수 있으므로, 예비시험을 실시하여 비비기 시간을 정하지 않은 경우에는 경량골재가 배합수를 어느 정도 흡수하게 된다. 따라서 비비기 시간을 일반 콘크리트의 경우보다 길게 하는 것이 균질한 콘크리트를 제조하는 데에 유리하다. 특히, 콘크리트 비비기 도중 강도가 약한 경량골재가 일부 파쇄되는 경우가 있으므로 주의해야 한다.

최근에는 콘크리트용 믹서의 대부분이 비비기 효율이 우수한 강제식 믹서를 사용하므로, 프리웨팅(pre-wetting)을 실시한 경량골재를 사용하면 콘크리트 비비기에 필요한 시간이 일반 콘크리트보다 크게 증가하지 않는다. 그러므로 예비시험에 의해 비비기 성능이 확인되었을 때에는 일반 콘크리트의 경우와 같은 정도의 비비기 시간으로 해도 좋다.

2.2.7 배합의 표시 방법

(1) 경량골재 콘크리트의 시방배합의 표시는 표 2.2-1를 따른다.

표 2.2-1 시방 및 현장 배합의 표시 방법

굵은 골재의 최대 치수 (mm)	콘크리트의 단위용적질량 (kg/m³)	슬럼프 범위 (mm)	공기량 범위 (%)	물-결합재비 W/B (%)	잔골재율 S/a (%)	단위재료량(kg/m³)					
						물	시멘트	잔골재[1]	굵은골재[1]	혼화 재료	
										혼화재	혼화제[2]

주 1) 경량골재와 보통골재를 혼합하여 사용할 경우에는 각각을 구분하여 단위질량을 표시한다.

2) 같은 종류의 재료를 여러 가지 사용할 경우에는 각각의 난을 나누어 표시한다. 이때 사용량에 대해서는 희석하거나 녹이지 않은 것으로 나타낸다.

(2) 시방배합을 현장 배합으로 수정할 때에는 골재의 함수 상태, 잔골재 가운데 5 mm 체에 남은 양, 굵은골재 가운데 5 mm 체를 통과하는 양 등을 배합에 보정하여야 한다. 또한, 경량골재의 건조상태나 습윤상태에 따른 유효 흡수율 또는 표면수율을 보정하여 시방배합을 현장배합으로 변경하여야 한다.

(1) 경량골재 콘크리트의 배합표에는 구조물의 종류, 설계기준압축강도, 배합강도, 구조물의 설계에 사용한 단위용적질량, 시멘트의 종류, 잔골재와 굵은골재의 종류, 잔골재의 조립률, 화학 혼화제의 종류, 타설시간, 운반시간 등을 명기하는 것이 바람직하다. 경량골재는 콘크리트의 비비기, 운반, 타설 및 경화 시에 흡수하며, 흡수의 정도는 경량골재의 함수 상태에 따라 상당히 다르므로, 일반 골재의 경우와 같은 방법으로는 일정 기준의 함수 상태를 정하기가 어렵다. 따라서 경량골재 콘크리트의 시방배합의 표시는 골재의 질량보다는

함수 상태에 따라 변화가 없는 절대 용적으로 표시하는 것이 좋다. 이 경우에는 경량골재의 밀도와 흡수율을 정확히 측정하여 배합에 반영하여야 한다. 다만, 경량골재에 살수를 하여 프리웨팅(pre-wetting)을 실시하였거나, 양생지붕 설치, 사일로 보관 등의 방법으로 경량골재의 함수량을 일정하게 관리하였다고 판단되는 경우에는 질량으로 표시할 수 있다.

현 장 배 합 표

귀하

시험자 :

제조공장 :
발행일자 : 2021년 08월 09일
확 인 자 : 품질경영실장

규 격	25-30-150	현장명	신축공사

1. 시방배합표

굵은골재 최대치수 (mm)	호칭 강도 (㎫)	슬럼프 범위 (mm)	공기량 (%)	W/B (%)	S/a (%)
25	30	150 ± 25	4,5 ±1,5	41,0	47,1

단위 재료량(kg/m³)

G1	G2	G3	S1	S2	S3	C1	C2	C3	C4	C5
932				821		195	117	78		

W1	W2	W3	AD1	AD2	AD3	AD4	AD5	AD6
160			2,73					

1) 현장조건

잔골재(1)의 표면수	(c1)	= 0.0%		굵은골재(1)의 표면수	(d1)	= 0.2%
잔골재(2)의 표면수	(c2)	= 4.5%		굵은골재(2)의 표면수	(d2)	= 0.0%
잔골재(1)중 5mm체 잔류율	(a1)	= 0.0%		굵은골재(1)중 5mm체 통과율	(b1)	= 1.2%
잔골재(2)중 5mm체 잔류율	(a2)	= 2.9%		굵은골재(2)중 5mm체 통과율	(b2)	= 0.0%
슬러지(회수수)농도	(e1)	= 4.1%				

2) 골재입도 보정

S1` = [S1+{S1xa1/100}] - [{(G1xb1+G2xb2)/100} x {S1/(S1+S2)}] = 0kg
S2` = [S2+{S2xa2/100}] - [{(G1xb1+G2xb2)/100} x {S2/(S1+S2)}] = 834kg
G1` = [G1+{G1xb1/100}] - [{(S1xa1+S2xa2)/100} x {G1/(G1+G2)}] = 919kg
G2` = [G2+{G2xb2/100}] - [{(S1xa1+S2xa2)/100} x {G2/(G1+G2)}] = 0kg

3) 표면수 보정

S1" = S1` x (100 + c1) / 100 = 0kg　　G1" = G1` x (100 + d1) / 100 = 921kg
S2" = S2` x (100 + c2) / 100 = 871kg　　G2" = G2` x (100 + d2) / 100 = 0kg
W' = (S1 + S2 + G1 + G2 + W1 + W2 + W3) - (S"1 + S"2) - (G"1 + G"2) = 121kg
W2' = 0kg　　W1' = W' - W2' - W3' = 121kg　　W3' = 0kg

4) 슬러지수(회수수) 농도의 보정

SL = W2' + e1 = 0kg　　W1" = W1' + SL = 121kg　　W2" = 0kg　　W3" = 0kg

2. 현장배합표

굵은골재 최대치수 (mm)	호칭 강도 (㎫)	슬럼프 범위 (mm)	공기량 (%)	W/B (%)	S/a (%)
25	30	150 ± 25	4,5 ±1,5	41,0	47,1

단위 재료량(kg/m³)

G1	G2	G3	S1	S2	S3	C1	C2	C3	C4	C5
921				871		195	117	78		

W1	W2	W3	AD1	AD2	AD3	AD4	AD5	AD6
121			2,73					

3. 자재종류

G1	부순 굵은골재 57 (CG-57)	S2	부순 잔골재 (CS)	C1	포틀랜드 시멘트 1종
C2	고로슬래그 미분말 3종	C3	플라이애시 2종	W1	지하수
AD1	고성능 AE 감수제 표준형				

4. 특기사항 [골재수정계수 : 0,2%]

그림 2.2-2 레미콘공장에서의 현장배합 보정 사례

(2) 일반 콘크리트와 동일하게 현장적용을 위하여 레미콘공장에서 경량골재 콘크리트를 생산할 경우에는 경량골재의 함수율과 입도를 측정하고, 그 결과에 따라 배합보정을 실시하여야 한다. 즉, 굵은골재의 5 mm 체 통과량, 잔골재의 5 mm체 잔유량에 대한 입도보정을 실시하고, 굵은골재(경량골재)와 잔골재에 대하여 수량보정을 실시하여야 한다. 또한 회수수에 대한 슬러지 고형분을 측정하고, 배합수 보정을 실시하여 현장배합을 계산한다. 다만 회수수 슬러지 농도에 대한 보정은 일반 콘크리트에서 배합수의 30% 정도를 사용하므로, 고강도 콘크리트나 경량골재 콘크리트 등의 특수콘크리트에 대해서는 회수수를 사용하지 않는 것을 원칙으로 한다. 그림 2.2-2는 시방배합을 현장배합으로 보정한 배합표를 나타낸 것으로, 현장조건에 따라 골재의 입도보정과 표면수 보정을 통하여 최종적으로 현장배합을 제시하고 있다.

2.3 재료 품질관리

(1) 경량골재 콘크리트의 품질 검사는 KCS 14 20 10(2.3)에 따르는 것을 원칙으로 한다.

(2) 경량골재의 품질 검사는 표 2.3-1에 따른다.

표 2.3-1 경량골재의 품질 검사

항목	시험 · 검사 방법	시기 · 횟수	판정기준
KS F 2527의 품질 항목	제조회사의 시험성적표에 의한 확인 또는 KS F 2527의 방법	공사 시작 전, 공사 중 1회/월	KS F 2527에 적합할 것
굵은골재의 부립률	KS F 2531의 방법		부립률 상한값 10%
흡수율	KS F 2529의 방법 KS F 2533의 방법	1회/일 이상	시공계획서에 정한 범위에 들 것

(3) 경량골재의 품질관리 및 검사 가운데 단위질량의 품질 검사는 표 2.3-2에 따른다.

표 2.3-2 경량골재 콘크리트의 품질 검사

항목	시험 · 검사 방법	시기 · 횟수	판정기준
단위질량	KS F 2462의 방법	압축강도 시험용 공시체를 채취할 때	시방배합으로부터 계산한 값과 실측값과의 차가 50 kg/m³ 이내

(1) 단위용적질량에 비하여 강도가 높은 우수한 품질을 가지는 경량골재 콘크리트를 제조하여 시공하기 위해서는 경량골재의 품질을 철저히 관리하여야 하며, 시멘트나 골재와 같이 제조회사의 시험성적서에 의하여 관리하는 것이 좋다.

(2) 흡수율의 시험횟수는 골재의 표면수율 시험횟수와 마찬가지로 생각하여 1회/일 이상으로 실시하여야 한다. 흡수율의 시험 결과의 판정기준은 일률적으로 정하기는 곤란하지만, 콘크리트의 운반조건이나 품질의 안정성을 고려하여 흡수율의 표준을 정해 그 값에 대하여, 예컨대 ±2% 정도의 범위를 설정하여 관리하는 것이 좋다. 흡수율의 표준에 대해서는 경량골재 제조사, 기술자 및 발주처 등과의 협의를 통해 정하는 것이 좋다.

(3) 굳지 않은 콘크리트의 단위질량은 경량골재의 함수율의 변동도 반영한다. 일반 골재에 비하여 경량골재는 높은 흡수율, 낮은 밀도의 특성을 가지고 있으므로, 동일한 시료를 대상으로 2회 이상 그 값을 측정한다. 동일한 시료이더라도 서로 다른 날과 다른 사람이 측정할 경우에는 그 값이 달라질 수 있으므로, 가능한 같은 날에 같은 시험자가 측정하여야 한다. 단위질량의 검사에 있어서는 설계에서 기준으로 한 범위 내에 있으면서, 추가로 시방배합에서 계산한 값과의 차의 규정도 추가한다.

2.4 경량골재 콘크리트의 배합설계 사례

경량골재 콘크리트의 배합설계에 대한 최신 연구 사례를 소개하고자 한다(Park et al., 2019, 2021).

2.4.1 실험계획

경량골재는 흡수율이 높아 프리웨팅(pre-wetting)을 실시하면 함수율이 매우 높으나, 자연적인 상태에서는 천연골재와 달리, 흡수율만큼의 함수량을 갖기가 어렵다. 따라서 경량골재를 기건 상태와 절건 상태로 구분하기 위하여 절건 상태는 경량골재를 100℃의 건조기에서 24시간 이상 건조시켜 수분이 없는 상태로 조정하였다. 기건 상태는 경량골재에 물을 뿌리고, 24시간 동안 방치한 후에, 함수율이 일정하도록 충분히 혼합하였으며, 콘크리트 제조 전에는 함수율이 12.3%로 측정되었다.

경량골재 천연골재

그림 2.4-1 경량골재와 천연골재의 형상

콘크리트 배합은 예비실험과 기존의 연구결과를 참고하여 단위용적질량이 1,800 kg/m³ 내외가 되도록 잔골재율을 40%로 고정하였다. 그리고 같은 조건에서 천연골재를 사용한 콘크리트는 경량골재 배합과 동일하게 잔골재율을 설정하면 재료분리가 발생하므로, 상용범위의 잔골재율인 0.47에서 0.49로 설정하였다. 단위수량은 180 kg/m³ , 각각의 골재계열에서 W/B를 0.45에서 0.65까지 5단계로 나누어 특성을 평가하였다. 이와 같이, 경량골재를 천연골재와 비교하기 위한 콘크리트 실험의 인자 및 수준은 표 2.4-1과 같고, 콘크리트 실험의 세부적인 배합은 표 2.4-2와 같다.

표 2.4-1 실험인자 및 수준

항목	경량골재 상태	물-결합재비(W/B)
인자	기건(a), 절건(o), 천연골재(n)	0.45, 0.50, 0.55, 0.60, 0.65
기호	a, o, n	45, 50, 55, 60, 65

표 2.4-2 실험 배합표

배합	W/B	S/a	배합비(kg/m³)						
			물	시멘트	플라이애시	잔골재	천연골재	경량골재	합계
a45	0.45	0.40	180	300	100	679	–	609	1,868
a50	0.50	0.40	180	270	90.0	693	–	622	1,856
a55	0.55	0.40	180	245	81.8	705	–	633	1,845
a60	0.60	0.40	180	225	75.0	715	–	642	1,837
a65	0.65	0.40	180	208	69.2	723	–	649	1,829
o45	0.45	0.40	180	300	100	678	–	528	1,787
o50	0.50	0.40	180	270	90.0	693	–	539	1,776
o55	0.55	0.40	180	245	81.8	705	–	548	1,761
o60	0.60	0.40	180	225	75.0	715	–	556	1,751
o65	0.65	0.40	180	208	69.2	723	–	563	1,743
n45	0.45	0.47	180	300	100	798	910	–	2,288
n50	0.50	0.475	180	270	90.0	823	921	–	2,284
n55	0.55	0.48	180	245	81.8	846	927	–	2,281
n60	0.60	0.485	180	225	75.0	867	931	–	2,278
n65	0.65	0.49	180	208	69.2	886	933	–	2,276

2.4.2 굳지 않은 콘크리트의 특성

표 2.4-3은 실험계획에 따라 측정한 굳지 않은 콘크리트의 결과를 나타낸 것이다.

표 2.4-3 굳지 않은 콘크리트의 특성

배합	혼화제 (kg/m³)	슬럼프(mm)		공기량(%)		단위용적질량(kg/m³)	
		배합 후	60분 후	배합 후	60분 후	배합 후	60분 후
a45	2.40	245	155	3.8	3.8	1,891	1,895
a50	2.16	235	130	3.8	2.6	1,889	1,902
a55	1.80	230	100	4.8	3.8	1,855	1,863
a60	1.50	220	100	4.3	3.2	1,874	1,874
a65	1.52	230	85	4.5	3.8	1,842	1,863
o45	4.00	240	175	4.7	2.7	1,826	1,848
o50	3.24	245	105	3.6	2.6	1,830	1,839
o55	2.95	245	95	3.8	2.7	1,823	1,828
o60	2.70	220	75	4.6	3.7	1,800	1,827
o65	2.77	235	90	4.4	3.2	1,778	1,810
n45	3.20	230	190	4.3	2.8	2,297	2,327
n50	2.70	215	150	5.5	3.3	2,256	2,309
n55	2.62	225	165	5.5	3.6	2,258	2,299
n60	2.40	230	160	6.7	4.3	2,231	2,280
n65	2.22	215	120	6.5	4.0	2,228	2,285

(1) 혼화제 사용량

그림 2.4-2는 목표로 설정한 유동성을 만족시키기 위하여 투여한 혼화제 사용량을 나타낸 것이다. 골재 종류별로 혼화제 사용범위가 뚜렷하였으며, 배합수 흡착량이 많은 절건 경량골재 계열은 W/B에 따라 혼화제를 2.70 kg/m³ 에서 4.00 kg/m³ 을 사용하였고, 천연골재 계열은 2.22 kg/m³ 에서 3.20 kg/m³ 의 범위에서 목표 유동성을 만족할 수 있었으며, 같은 계열에서 W/B 증가에 따른 혼화제 사용량은 뚜렷하게 감소하였다.

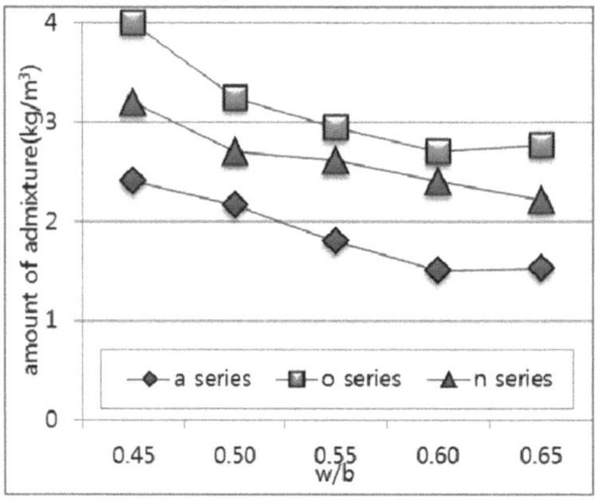

그림 2.4-2 혼화제 사용량

기건 경량골재 계열은 골재가 수량을 일부 포함하고 있어 목표 유동성을 위한 혼화제가 다른 계열보다 적게 요구되어 1.50 kg/m³ 에서 2.40 kg/m³ 를 사용하여도 만족시킬 수 있었다. 따라서 3종류의 골재 중에서는 기건 경량골재 계열의 혼화제 사용량이 가장 적었다.

(2) 슬럼프

그림 2.4-3은 슬럼프를 나타낸 것으로, 경량골재 콘크리트는 시간경과에 따른 손실이 커서 목표 슬럼프를 (220±25) mm로 설정하였고, 경량화를 위해 경량골재가 잔골재보다 많기 때문에, 유동성 제어에 어려움이 따랐다.

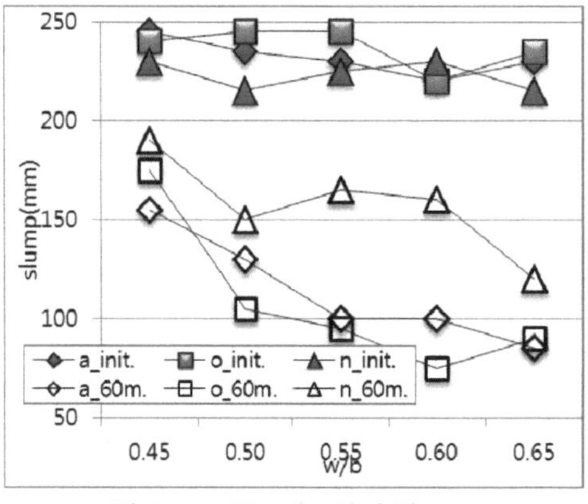

그림 2.4-3 콘크리트의 슬럼프

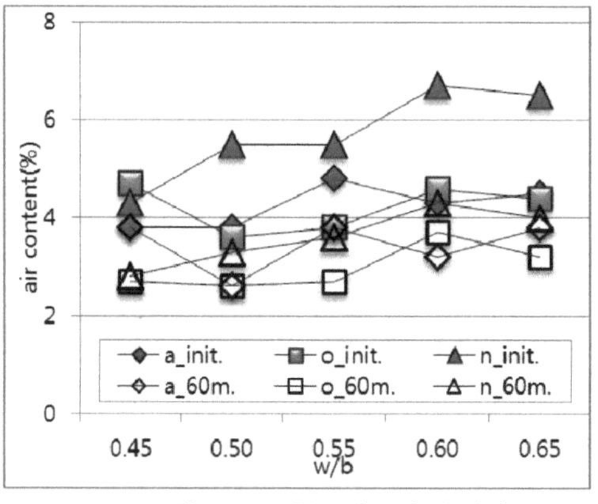

그림 2.4-4 콘크리트의 공기량

기건 경량골재 계열의 슬럼프는 배합직후에 220 mm에서 245 mm로 측정되어 혼화제 사용량이 절건 경량골재 샘플보다 적었다. 경량골재 내부에 약간의 수분을 가지고 있어, 배합수량을 보통 콘크리트 수준으로 사용하여도 혼화제를 사용하면 유동성 확보에 큰 문제가 없었다. 60분 후에는 슬럼프가 85 mm에서 155 mm로 나타나, 배합 직후보다 90 mm에서 145 mm가 손실되었다. 경량골재가 흡수율만큼 배합수를 더욱 흡수하여 슬럼프가 손실된 것으로 분석된다. 특히, W/B가 증가할수록 경량골재가 증가하여 슬럼프 손실이 큰 것으로 판단된다. 절건 경량골재 계열은 슬럼프가 220 mm에서 245 mm로 측정되었고, 60분 후에는 75 mm에서 175 mm로 기건 경량골재 계열과 비교하면 손실이 컸다. 그리고 배합 직후보다는 70 mm에서 150 mm가 손실되어 배합별로 차이가 컸으며, W/B가 증가하면서 슬럼프 손실이 크게 발생한 것은 기건 경량골재 계열과 동일하였다.

천연골재 계열은 슬럼프가 215 mm에서 230 mm로 측정되었고, 경량골재 계열보다 슬럼프 제어가 유리하였다. 60분 후에는 120 mm에서 190 mm로 경량골재 계열보다 슬럼프 손실도 적었다. 따라서 경량골재 계열은 함수율에 관계없이 슬럼프 손실이 큰 값이었으나, 천연골재는 상대적으로 흡수율이 적기 때문에 슬럼프 손실도 적은 것으로 분석되며, 실용화를 위해서는 슬럼프 손실을 줄여야 하므로, 지연제 사용이나 배합수량 증가 등의 대책이 필요할 것으로 판단된다.

(3) 공기량

그림 2.4-4는 골재 종류와 W/B 변화에 따른 공기량을 나타낸 것이다. 천연골재에서는 AE제를 사용하였으나, 경량골재 계열은 AE제를 사용하지 않아도 어느 정도의 공기량이 측정되었다.

기건 경량골재 계열은 공기량이 3.8%에서 4.8%로 측정되어 W/B 변화에 따라 결합재와 경량골재 사용량이 달랐으나, 공기량의 뚜렷한 경향은 없었다. 다만, W/B가 증가하면서 경량골재가 많아져 내부공극도 증가하므로, 공기량이 증가하는 경향이었다. 60분 후에는 2.6%에서 3.8%로 측정되어 배합 직후보다 최대 1.2%가 손실되었으나, 배합 직후에 적은 값으로 측정됨에 따라 그 손실량도 많지 않았다.

절건 경량골재 계열의 공기량은 3.6%에서 4.7%로 측정되어 기건 경량골재 계열과 유사하였다. W/B 변화에 따른 뚜렷한 변화도 나타나지 않아, 결합재나 경량골재 사용량에 따른 공기량의 특별한 경향은 없었다. 60분 후에는 공기량이 2.6%에서 3.7%로 측정되었으며, W/B 0.45 배합이 2.0%로 손실이 가장 크게 나타났다.

천연골재 계열은 공기량이 4.3%에서 6.7%로 측정되어 경량골재 계열보다 높았다. W/B

0.45 배합이 가장 적은 값이었으며, W/B가 증가함에 따라 공기량도 비례하였다. 60분 후에는 약 1.5%에서 2.5%가 손실되어 2.8%에서 4.3%의 범위로 나타났다. 전체적으로 배합 직후에는 골재 종류별로 측정범위가 달랐으나, 60분 후에는 공기량이 손실됨에 따라 골재종류에 관계없이 유사하였다.

2.4.3 단위질량

그림 2.4-5는 굳지 않은 콘크리트에서의 단위용적질량을 나타낸 것이다. 천연골재의 밀도가 높기 때문에 천연골재의 단위용적질량이 가장 컸으며, 절건 경량골재의 밀도는 기건 경량골재보다 낮아, 이를 사용한 계열이 가장 적었다.

배합 직후에 기건 경량골재 계열은 1,842 kg/m³ 에서 1,981 kg/m³ , 절건 경량골재 계열은 1,778 kg/m³ 에서 1,830 kg/m³ , 그리고 천연골재 계열은 2,228 kg/m³ 에서 2,297 kg/m³ 로 측정되었다. 전체적으로 결합재가 많은 W/B 0.45 배합이 높았으며, W/B가 증가할수록 결합재가 감소하고, 밀도가 낮은 경량골재가 증가하므로, 단위용적질량도 감소하는 경향이었다.

60분 경과 후에는 기건 경량골재 계열은 1,863 kg/m³ 에서 1,902 kg/m³ , 절건 경량골재 계열은 1,810 kg/m³ 에서 1,848 kg/m³ 및 천연골재 계열은 2,280 kg/m³ 에서 2,327 kg/m³ 로 측정되었다. 전체적으로 배합 직후보다 소폭 증가하였는데, 공기량 손실에 따라 부피가 증가하여 상대적으로 단위용적질량도 증가한 결과로 나타났다. 60분 후에도 공기량 손실에 따른 증가폭은 크지 않았으며, 배합 직후와 동일하게 절건 경량골재, 기건 경량골재, 그리고 천연골재를 사용한 콘크리트 계열 순서로 크게 측정되었다.

그림 2.4-6은 재령 28일에서 측정한 단위용적질량을 나타낸 것이다. 굳지 않은 상태에서의 결과와 유사하게 기건 경량골재 계열은 1,872 kg/m³ 에서 1,904 kg/m³ 로 측정되었으며, 절건 경량골재 계열은 1,790 kg/m³ 에서 1,825 kg/m³ , 그리고 천연골재 계열은 2,280 kg/m³ 에서 2,334 kg/m³ 로 측정되었다.

천연골재 계열은 W/B가 증가함에 따라 결합재가 감소하여 단위용적질량도 감소하는 경향이었으나, 경량골재를 사용한 계열은 뚜렷한 경향이 없이 W/B 0.45와 0.65 배합의 차이가 크지 않았다. 이러한 원인은 질량 측정 시 시험체의 함수량에 따라 단위용적질량의 차이가 발생한 것으로 판단된다.

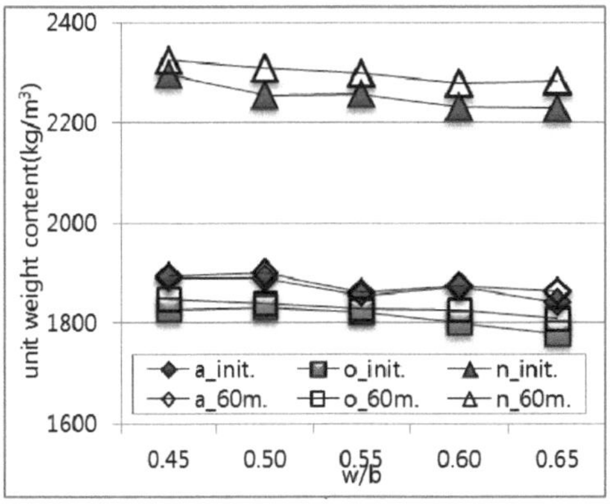

그림 2.4-5 굳지 않은 콘크리트의 단위용적질량

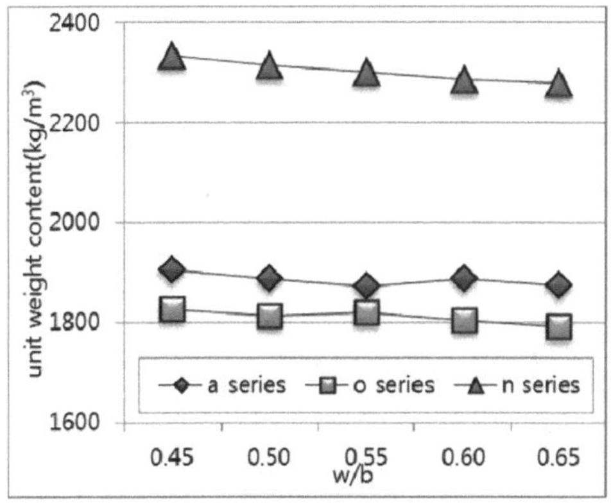

그림 2.4-6 굳은 콘크리트의 단위용적질량

2.4.4 역학적 특성

표 2.4-4는 굳은 콘크리트에서 재령과 시험항목 별 측정 결과를 나타낸 것이다.

표 2.4-4 굳은 콘크리트의 특성

배합	압축강도(MPa)				휨강도 (MPa)	탄성계수(GPa)				단위용적질량 (kg/m³)
	3일	7일	28일	91일	91일	3일	7일	28일	91일	
a45	22.7	28.5	37.5	43.3	3.21	14.4	15.2	17.7	19.7	1,904
a50	18.1	25.7	33.4	40.2	2.90	13.1	14.8	16.7	19.3	1,887
a55	14.0	20.5	28.2	37.2	2.93	12.5	13.6	15.8	17.6	1,872
a60	11.5	17.4	27.1	33.9	2.84	11.5	13.4	15.4	17.8	1,887
a65	9.53	13.8	22.5	31.1	2.97	11.0	12.8	14.6	17.8	1,875
o45	27.0	32.3	39.5	47.6	5.43	15.4	17.0	18.6	20.9	1,825
o50	23.3	30.7	36.4	42.2	4.97	15.1	16.7	17.4	20.9	1,811
o55	20.6	27.8	35.5	42.1	4.23	13.4	15.5	17.3	19.8	1,820
o60	17.5	25.4	31.5	38.8	4.20	13.3	15.0	16.2	18.9	1,803
o65	14.7	22.1	28.1	36.9	3.65	12.5	14.8	15.9	18.3	1,790
n45	19.0	24.4	36.3	44.0	6.86	17.1	19.5	23.8	27.6	2,334
n50	15.7	20.7	31.9	40.8	5.76	16.1	19.5	23.2	26.2	2,314
n55	12.6	17.1	28.3	35.9	4.62	15.5	18.1	21.2	24.5	2,301
n60	10.4	14.0	24.0	30.6	4.13	14.0	17.1	19.6	24.5	2,286
n65	8.76	12.0	21.9	28.2	3.38	13.9	16.6	20.5	23.7	2,280

(1) 압축강도 및 탄성계수

그림 2.4-7은 압축강도를 계열별로 도시한 것이다. 실험계획에서 W/B에 따라 배합을 구성하였기 때문에 골재에 관계없이 W/B가 변화하면서 압축강도도 뚜렷하였다. 특히 플라이애시를 결합재의 일부로 사용하면서 재령 91일까지도 압축강도가 지속적으로 발현한 것으로 판단된다.

재령 28일에서 기건 경량골재를 사용한 계열의 압축강도는 22.5 MPa에서 37.5 MPa로 측정되었으며, 절건 경량골재 계열은 28.1 MPa에서 39.5 MPa, 그리고 천연골재 계열의 압축강도가 21.9 MPa에서 36.3 MPa로 측정됨에 따라 절건 경량골재 계열의 압축강도가 가장 컸고, 다음으로 기건 경량골재, 그리고 천연골재 계열의 압축강도가 가장 적은 값으로 나타났다. 모든 재령에서 절건 경량골재를 사용한 콘크리트의 압축강도가 가장 큰 값이었고, 다음으로 기건 경량골재, 그리고 천연골재 계열의 압축강도가 가장 적었으며, 천연골재 계열은 경량골재 계열보다 W/B의 변화에 따라 측정범위가 넓게 분포되었다.

이러한 결과가 나타난 것은 앞선 유동성 결과와 유사한 특성으로 골재의 함수상태와 종류에 따라 흡수율이 다른 것이 그 원인이 있는 것으로 판단된다. 콘크리트의 배합수량은 동일하였으나, 흡수율이 높은 경량골재가 가장 많은 배합수를 흡수함에 따라 전체적으로 콘크리트 배합의 W/B가 낮아지는 효과가 나타나, 압축강도도 높게 측정된 것으로 분석된다. 특히 함수율이 다른 경량골재의 흡수율은 동일하지만, 기건 경량골재는 골재의 함수율이 약 12% 정도로 골재의 흡수율(15.5%)보다는 낮기 때문에 흡수율만큼의 배합수를 더욱 흡수하였으므로, 절건 경량골재보다는 적지만 W/B 감소효과가 나타났다. 또한 천연골재 계열은 골재의 흡수율이 경량골재보다 낮으므로, W/B의 감소효과가 나타나지 않아, 재령별로 측정한 압축강도도 경량골재 계열보다 적은 값으로 발현한 것으로 판단된다.

그림 2.4-8은 골재 종류와 재령에 따른 콘크리트의 탄성계수를 나타낸 것이다. 압축강도와 동일하게 재령경과에 따라 비례하였고, 경량골재 계열의 탄성계수 증진 폭은 크지 않았으나, 천연골재 계열은 경량골재 계열과는 달리 재령에 비례하여 지속적으로 증가하였다.

기건 경량골재 계열의 탄성계수는 재령 28일에 14.6 GPa에서 17.7 GPa로 나타났으며, 평균 16.0 GPa로 측정되었다. 반면, 재령 3일과 7일, 그리고 91일의 탄성계수는 재령 28일 대비 약 77.9%, 87.1% 및 115% 수준으로 증가하였다. 전반적으로 재령경과에 따른 탄성계수의 증가 폭은 압축강도에 비하여 크지 않았다. 절건 경량골재 계열의 탄성계수는 재령 28일의 범위는 15.9 GPa에서 18.6 GPa로 나타났으며, 평균 17.1 GPa로 평가되었다. 압축강도와 동일하게 기건 경량골재보다는 큰 값이었다. 또한 재령 3, 7 및 91일에는 재령 28일을 기준으로 각각 81.6, 92.5 및 116%로 평가되어 기건 경량골재보다 증진 폭은 감소하였다.

천연골재 계열의 탄성계수는 재령 28일에 19.6 GPa에서 23.8 GPa로 측정되었으며, 평균 21.7 GPa로 산정되었다. 천연골재 계열은 경량골재 계열보다 평균 4.6 GPa에서 5.7 GPa가 높았으며, 압축강도에 비하여 큰 값이었다. 재령 3, 7 및 91일에서는 재령 28일을 기준으로 각각 70.7, 83.9 및 117% 증가하였으며, 초기재령에는 경량골재 계열보다 탄성계수 증가율이 낮았으나, 재령 91일에는 유사하였다.

이러한 결과가 나타난 것은 골재 종류에 따른 특성으로 분석되며, 천연골재 자체의 탄성계수가 경량골재보다 높기 때문에 이를 사용한 콘크리트의 탄성계수도 천연골재 계열이 가장 높았던 것으로 판단된다. 반면에 천연골재 자체의 강도가 경량골재보다는 높지만, 흡수율의 차이로 경량골재 계열의 W/B가 전체적으로 천연골재 계열보다 낮아지면서 압축강도도 천연골재 계열이 가장 적은 값으로 측정된 것으로 분석된다.

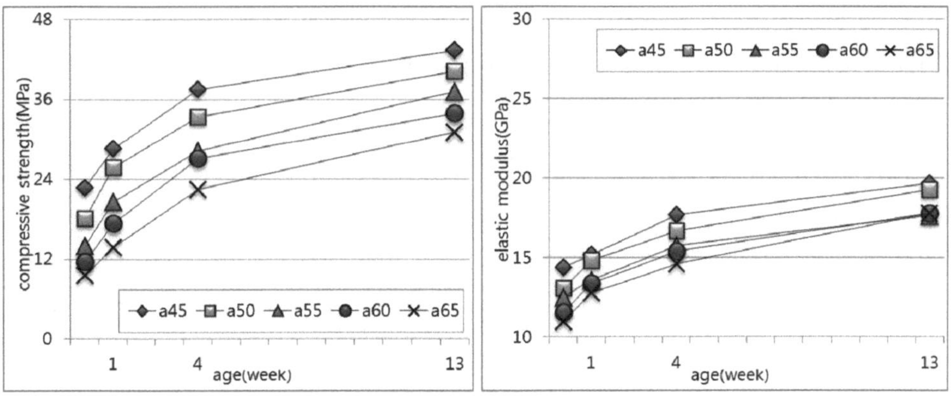

(a) 기건 경량골재

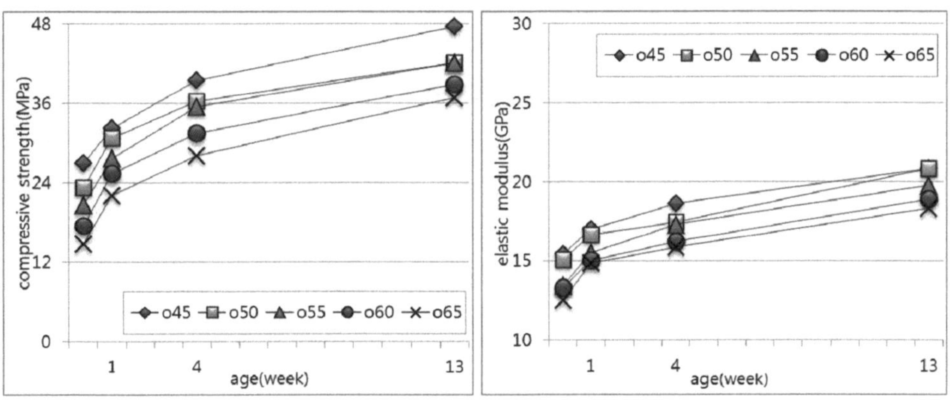

(b) 절건 경량골재

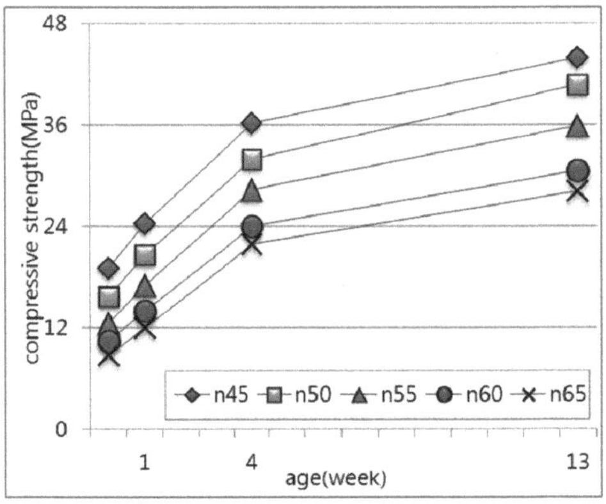

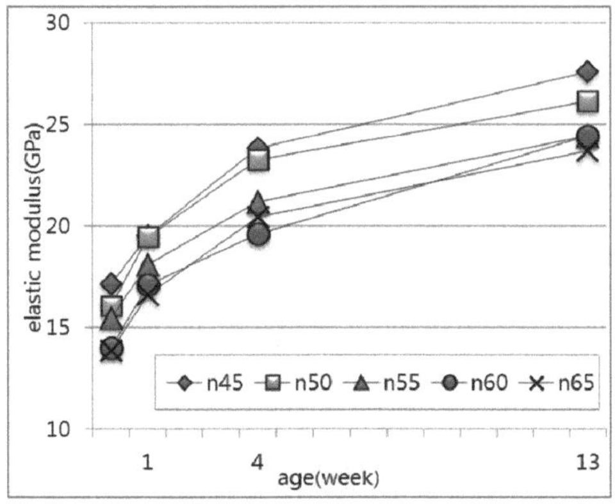

(c) 천연골재

그림 2.4-7 콘크리트의 압축강도 **그림 2.4-8 콘크리트의 탄성계수**

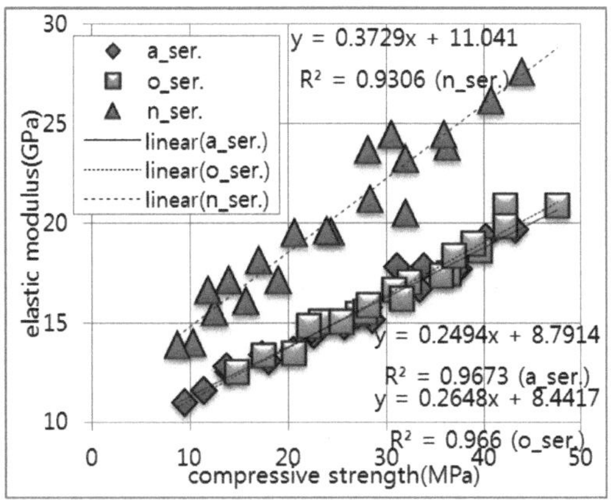

그림 2.4-9 압축강도와 탄성계수의 관계

그림 2.4-9는 압축강도와 탄성계수의 관계를 나타낸 것으로 앞선 설명과 동일하게 압축강도와 탄성계수는 서로 비례관계로 나타났다. 경량골재 계열에서는 기건 경량골재와 절건 경량골재의 압축강도와 탄성계수가 유사한 값으로 측정되어 큰 차이는 없었으나, 천연골재를 사용한 계열의 압축강도는 경량골재 계열과 유사한 반면에, 탄성계수가 경량골재 계열보다 큰 값으로 측정되어 경량골재 계열과는 차이가 발생하였다. 이와 같이, 경량골재 함수상태와 천연골재를 사용한 콘크리트의 압축강도와 탄성계수를 도시하여 산정한 추세선의 결정계수(R^2)는 기건 경량골재, 절건 경량골재, 그리고 천연골재 계열의 순서로 각각 0.9673, 0.9660 및 0.9306의 값으로 산정되었다. 경량골재 계열의 데이터 분포에 비하여 천연골재 계열은 분포 범위가 넓게 나타나, 2가지 인자 사이의 결정계수도 다소 적은 값이었다.

(2) 휨강도

그림 2.4-10은 골재 종류와 W/B에 따른 재령 91일에서의 휨강도를 나타낸 것이다. 휨강도는 압축강도에 비해 적은 값이기 때문에 장기 재령에서만 측정하였다. 휨강도는 압축강도와는 다른 결과를 나타냈으며, 기건 경량골재 계열은 W/B에 관계없이 일정한 값으로 나타난 반면에 천연골재를 사용한 계열이 가장 큰 값이었다. 다음으로 절건 경량골재 계열이 높은

값으로 측정되었으나, W/B가 증가할수록 휨강도 감소폭이 둔화되어 W/B 0.60과 0.65 배합은 천연골재 계열보다 큰 값이었다.

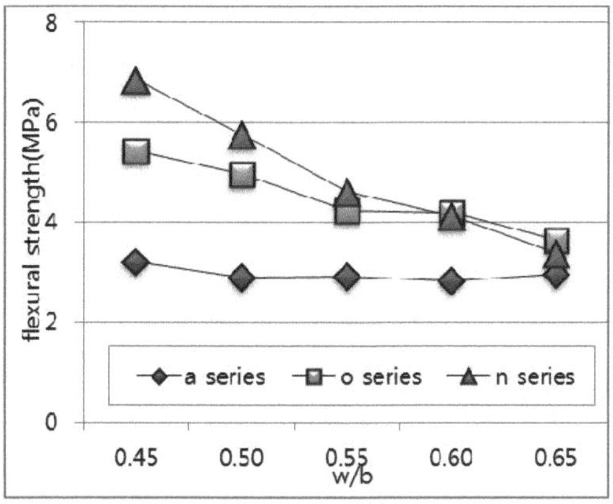

그림 2.4-10 콘크리트의 휨강도

기건 경량골재 계열의 휨강도는 2.84 MPa에서 3.21 MPa로 측정되었으며, W/B 0.45가 3.21 MPa로 가장 큰 값이었으나, 그 외 배합은 W/B와는 뚜렷한 특성이 나타나지 않았다. 절건 경량골재 계열은 3.65 MPa에서 5.43 MPa로, W/B가 증가함에 따라 휨강도가 점진적으로 감소하여 압축강도 특성과 동일하였다. 천연골재 계열의 휨강도는 3.38 MPa에서 6.86 MPa로 측정되어 경량골재 계열보다 높은 값으로 측정되었으며, W/B가 높은 0.60, 0.65 배합의 휨강도는 절건 경량골재보다 적은 값이었다.

압축강도와 달리 천연골재 계열의 휨강도가 높게 나타난 것은 골재의 형상과 관련이 있는 것으로, 경량골재는 구형인 것에 비하여 천연골재는 암석을 파쇄하였기 때문에 대부분 각진 형태이고, 일부는 길거나 평평한 형태의 다양한 골재가 혼합되어 있어 상대적으로 휨 하중에 대한 저항성이 높아, 휨강도가 천연골재 계열에서 가장 큰 값으로 측정된 것으로 판단된다.

2.4.5 동결융해 저항성

천연골재 배합은 300사이클까지 큰 변화없이 상대동탄성계수가 유지되었으나, 경량골재 콘크리트는 일부 배합을 제외하고는 300사이클을 유지하는 데에는 매우 취약하였다. 이러한 결과는 경량골재가 많은 공극을 가지고 있어 그 내부에 있는 수분의 동결과 융해에 따라 나타난 결과로 판단된다. KS에서는 상대동탄성계수가 60% 이하일 경우 시험을 중단하는

것으로 되어 있으나, 본 실험에서는 측정 가능한 사이클까지 시험을 진행하였다.

그림 2.4-11은 동결융해시험 종료 후에 대표적인 열화 형태를 나타낸 것이다. 시험체 표면에 미세한 균열이 발생하였으며, 균열을 따라 시멘트 페이스트나 골재가 떨어지는 현상이 발생하였다. 따라서 상대동탄성계수가 크게 감소한 배합에서는 동결융해에 대한 저항성을 높이는 방안을 마련하여야 할 것으로 나타났다.

그림 2.4-11 동결융해시험 후의 외관

그림 2.4-12와 같이 경량골재 콘크리트의 상대동탄성계수는 초기에 급격하게 감소하여 a50, a60 및 o65 시험체는 60사이클 후에 각각 8.0, 52.0 및 20.3%로 측정되어 시험을 중단하였다. 반면, 300사이클까지 건전한 상태의 시험체로 유지한 시험체는 a55와 a65 시험체뿐이었으며, 이는 제조 직후의 공기량이 높았던 것에 원인이 있는 것으로 판단되지만 뚜렷한 경향은 없었다. 그 외의 배합도 300사이클 후의 상대동탄성계수는 11.7%에서 40.9%로 동결융해에는 매우 취약하였다.

천연골재 배합은 상대동탄성계수가 모두 우수하였으나, n45 시험체는 300사이클에서 상대동탄성계수가 40.5%로 다른 배합보다 낮았다. 이는 콘크리트 제조 직후의 공기량이 4.3%로 다른 배합보다 낮아 이러한 결과가 나타난 것으로 분석된다(Park, 2008).

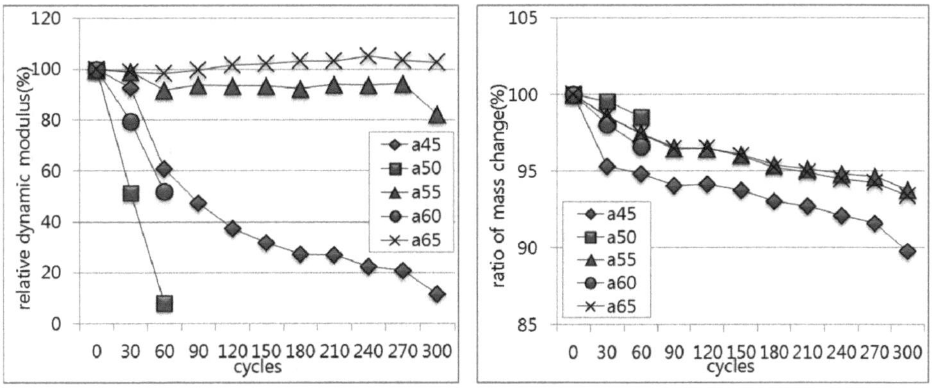

(a) 기건 경량골재

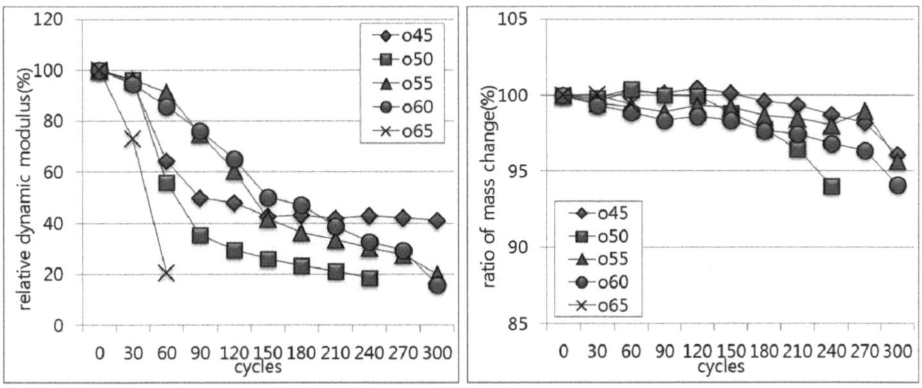

(b) 절건 경량골재

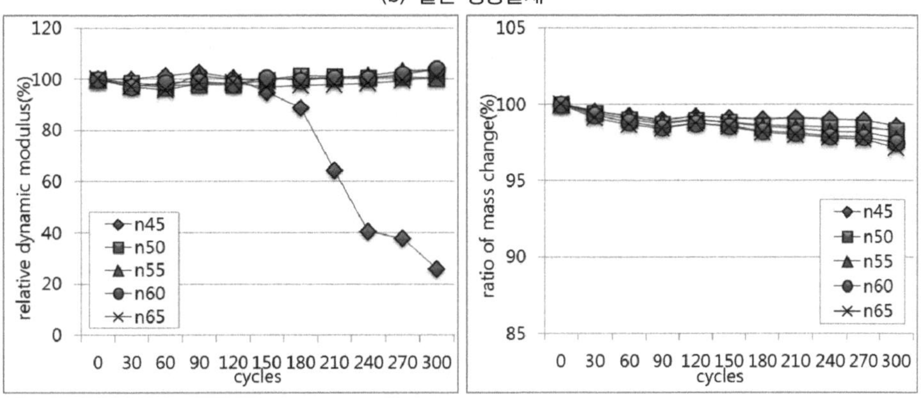

(c) 천연골재

그림 2.4-12 상대동탄성계수 **그림 2.4-13 질량변화율**

그림 2.4-13은 동결융해시험에 따른 동탄성계수와 함께 측정한 질량변화율을 나타낸 것이다. 경량골재 배합의 질량변화율은 시험완료 후에 89.8%에서 99.4%의 범위로 남았다. 경량골재의 함수상태와는 무관하게 경량골재 콘크리트는 천연골재 콘크리트와 비교하여 질량손실이 많았으며, 상대동탄성계수와 동일하게 기건 경량골재를 사용한 배합의 질량감소

가 크게 나타났다. 동결융해시험 완료 후에 측정한 질량변화율은 기건 경량골재 배합이 89.8%에서 93.4%, 절건 경량골재 배합은 94.0%에서 99.4%로 손실이 큰 값이었다. 천연골재를 사용한 배합의 질량변화율은 300사이클까지 큰 감소 없이 시험완료 후에는 97.1%에서 98.5%로 콘크리트의 W/B와 비례하였다. 즉 W/B가 낮은 0.45 배합이 가장 적었으며, 이후 W/B가 증가함에 따라 질량손실도 비례하여 0.65 배합이 가장 큰 97.1%로 측정되었다.

2.4.6 탄산화 저항성

그림 2.4-14는 탄산화 노출 재령 4주에 측정한 콘크리트 단면 형상을 나타낸 것으로, W/B 증가에 따라 뚜렷하게 깊어졌으며, 경량골재 배합보다는 천연골재 배합이 높았다.

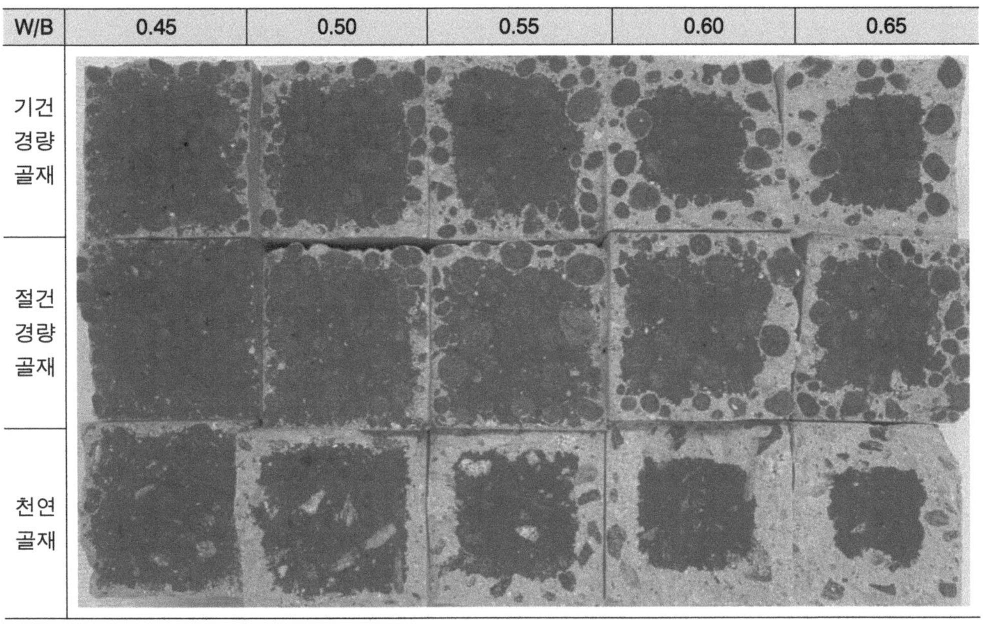

그림 2.4-14 탄산화 깊이 형상

그림 2.4-15는 골재 종류에 따른 콘크리트의 재령별 탄산화깊이를 나타낸 것이다. 탄산화시험 결과, 경량골재 배합보다는 천연골재를 사용한 배합의 탄산화깊이가 더욱 크게 나타났다. 일반적으로 경량골재는 밀도가 낮고, 내부 공극으로 인하여 CO_2의 침입에 취약할 것으로 판단하였으나, 경량골재를 사용함에 따라 경량골재의 함수율이 흡수율보다는 낮기 때문에 배합수를 흡수함에 따라 W/B가 낮아져 콘크리트 내부가 밀실해진 것에 그 원인이 있는 것으로 판단된다.

세부적으로는 CO_2 노출기간 26주까지 기건 경량골재 배합의 탄산화깊이는 3.96 mm에서 30.7 mm, 절건 경량골재 배합이 2.08 mm에서 20.8 mm, 그리고 천연골재 배합은 6.43 mm에서 36.1 mm로 측정되어 천연골재 배합의 탄산화 깊이가 가장 컸으며, 기건 경량골재와 절건 경량골재의 순서로 낮게 측정되었다.

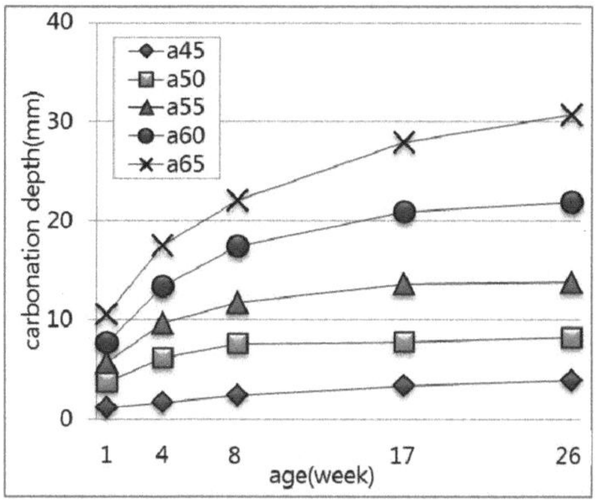

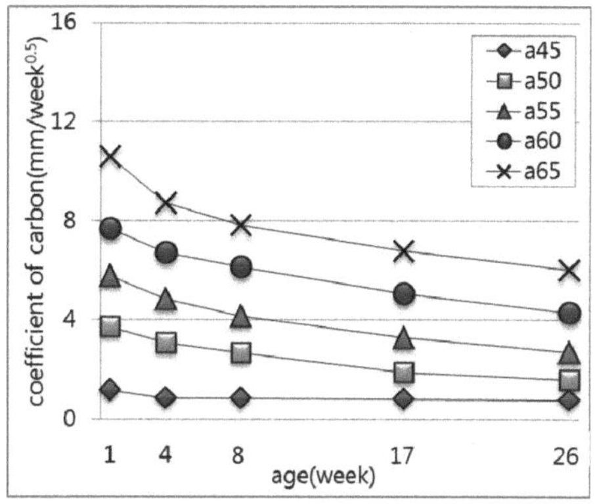

(a) 기건 경량골재

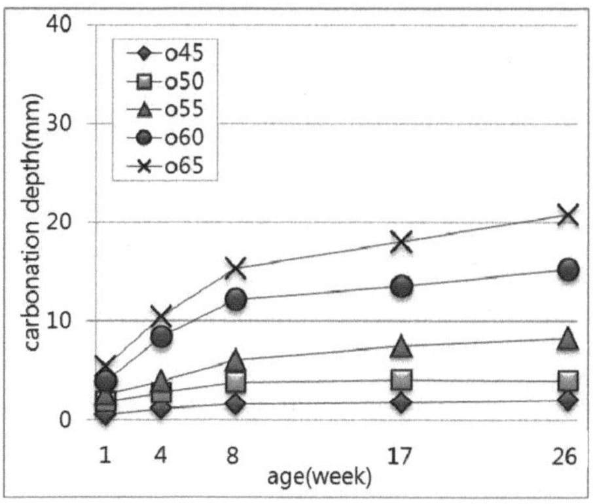

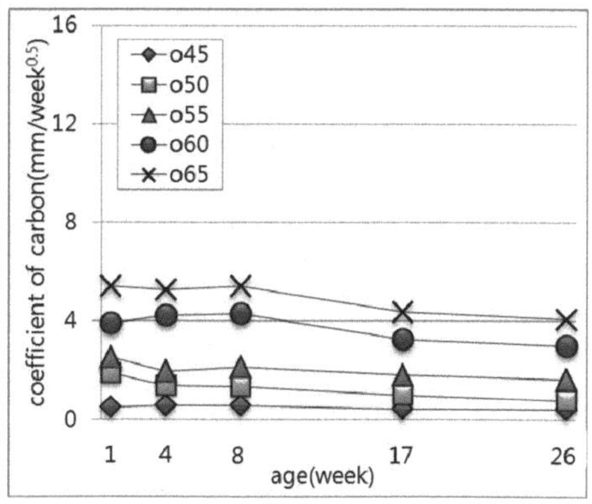

(b) 절건 경량골재

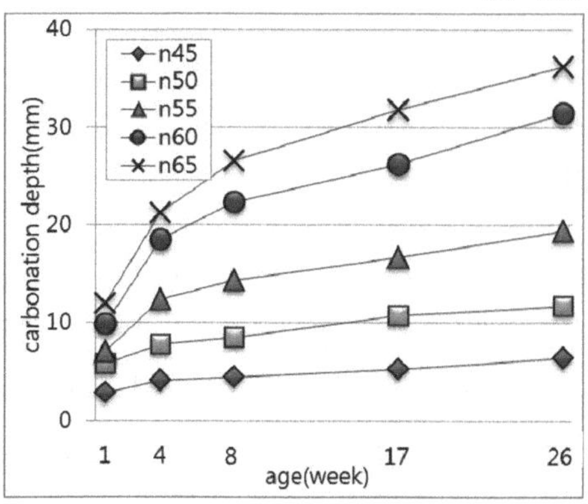

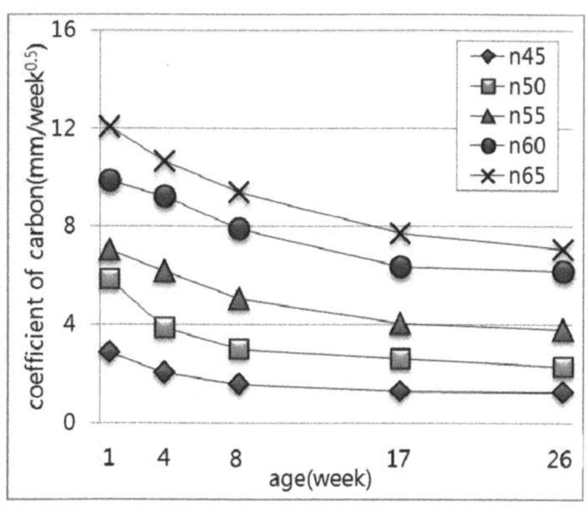

(c) 천연골재

그림 2.4-15 탄산화 깊이　　**그림 2.4-16 탄산화 속도계수**

그림 2.4-16은 콘크리트의 탄산화깊이를 바탕으로 산정한 탄산화속도계수를 나타낸 것이다. 앞선 설명과 같이 이산화탄소에 노출시킨 초기재령에서는 탄산화가 급격하게 진행되었으나, 이후 재령이 경과함에 따라 탄산화깊이는 다소 둔화되어 완만하게 증가하였다. 이렇게 산정된 탄산화속도계수는 탄산화깊이와 동일하게 천연골재 배합이 높은 값이었으며, 기건 경량골재와 절건 경량골재 배합도 적은 값이었다. 초기재령에는 탄산화가 급격하게 진행되어 탄산화속도계수가 큰 값이었으나, 재령경과에 따라 지속적으로 감소하였다.
기건 경량골재 배합의 탄산화속도계수는 재령 1주에 1.18 mm/√주에서 10.6 mm/√주였으나, 재령경과에 따라 지속적으로 감소하여 재령 26주에는 0.78 mm/√주에서 6.02 mm/√주로 산정되었다. 절건 경량골재 배합은 탄산화깊이가 기건 경량골재 배합보다 적어 재령 1주에 0.50 mm/√주에서 5.43 mm/√주였으며, 재령 26주에는 0.41 mm/√주에서 4.08 mm/√주로 산정되어 전체적으로 탄산화 깊이가 낮게 측정됨에 따라 탄산화속도계수 또한 적은 값이었다.
천연골재 배합은 재령 1주에 2.87 mm/√주에서 12.1 mm/√주로 산정되었고, 재령 26주에는 지속적으로 감소하여 1.26 mm/√주에서 7.09 mm/√주로 산정되어 기건 경량골재 배합의 탄산화속도계수와 유사하였다.
따라서 초기재령에는 탄산화가 급격하게 진행되었으나, 시간경과에 따라 이산화탄소가 내부로 침투하는 데에는 시간이 소요되었으며, 골재의 종류와 함수상태보다는 W/B가 탄산화에 가장 큰 영향을 미치는 것으로 나타났다. 즉, 절건 경량골재 배합은 골재가 콘크리트의 배합수를 가장 많이 흡수함에 따라 W/B가 실제 배합설계의 값보다 감소하여 탄산화 저항성이 높아진 것으로 판단된다.

2.4.7 염해 저항성

표 2.4-5는 콘크리트의 염소이온투과시험을 실시하여 얻은 염소이온 확산계수를 나타낸 것이다. 염소이온 확산계수는 탄산화시험과 동일하게 콘크리트의 내부의 치밀함을 평가하는 척도로서 수치가 낮을수록 콘크리트가 치밀한 것을 나타낸다. W/B가 0.45에서 0.65로 증가함에 따라 염소이온 확산계수도 증가하는 경향이었으며, 재령 28일보다 91일에는 결합재의 수화반응이 진행되어 콘크리트 강도가 증가하고, 상대적으로 더욱 치밀해져 염소이온 확산계수도 감소하였다.

표 2.4-5 염소이온 확산계수

(단위 : $\times 10^{-12}$ m² /s)

재령 \ 계열 W/B		0.45	0.50	0.55	0.60	0.65
28일	기건경량골재	23.0	26.4	32.2	37.2	34.7
	절건경량골재	11.0	14.5	17.6	21.1	25.5
	천연골재	17.4	21.8	27.7	30.1	36.2
91일	기건경량골재	6.92	9.51	8.57	11.3	15.8
	절건경량골재	4.12	4.87	6.45	7.17	9.50
	천연골재	5.94	7.58	12.5	12.7	20.5

그림 2.4-17은 재령 28일과 91일의 염소이온 확산계수를 나타낸 것으로, 재령 28일에 기건 경량골재 배합의 염소이온 확산계수는 23.0×10^{-12} m² /s에서 37.2×10^{-12} m² /s, 절건 경량골재 배합은 11.0×10^{-12} m² /s에서 25.5×10^{-12} m² /s, 그리고 천연골재 배합은 17.4×10^{-12} m² /s에서 36.2×10^{-12} m² /s로 측정되었다. 절건 경량골재 배합에서 W/B의 감소효과가 나타나 염소이온 확산계수가 낮았으며, 다음으로 천연골재 배합이 낮았고, 기건 경량골재 배합이 가장 큰 값이었다. 절건 경량골재 배합은 압축강도도 큰 값으로 측정됨에 따라 내부조직이 상대적으로 치밀해져 염소이온에 대한 저항성도 다른 배합보다 높았던 것으로 판단된다.

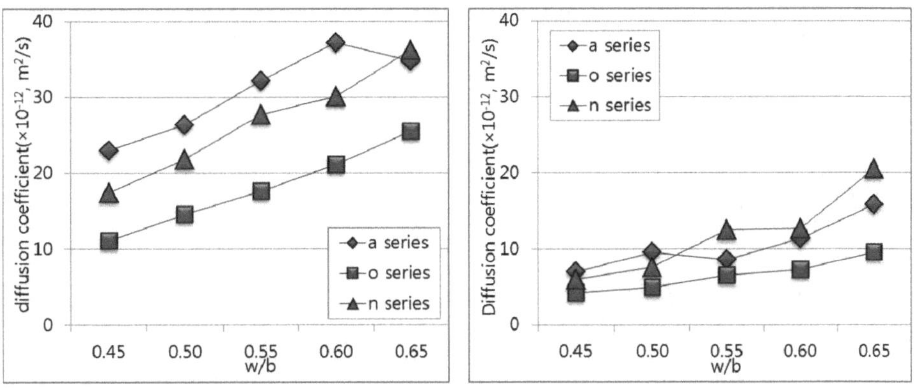

(a) 재령 28일 (b) 재령91일

그림 2.4-17 염소이온 확산계수

재령 91일의 염소이온 확산계수는 기건 경량골재 배합이 6.92×10^{-12} m² /s에서 15.8×10^{-12} m² /s, 절건 경량골재 배합에서 4.12×10^{-12} m² /s에서 9.50×10^{-12} m² /s, 그리고 천연골재 배합은 5.94×10^{-12} m² /s에서 20.5×10^{-12} m² /s로 측정되었다. 재령이 경과하여 염소이온 확산계수는 더욱 낮아졌으며, 절건 경량골재 배합이 가장 작은 값이었고, 그 결과는 재령

28일과 동일한 경향이었다. 다만 기건 경량골재 배합과 천연골재 배합은 28일과는 다른 경향이었다. 28일에는 기건 경량골재 배합이 천연골재 배합보다 높았으나, 91일에는 W/B 0.45와 0.50 배합만 기건 경량골재 배합이 높았고, W/B 0.55 이상은 천연골재 배합이 높은 값이었다. 전체적으로 재령 91일에는 28일보다 염소이온 확산계수가 크게 낮아짐으로써, 골재 종류에 따른 차이는 크지 않아 재령 28일보다는 뚜렷하지 않았다.

W/B 종류	0.45	0.65
기건 경량골재	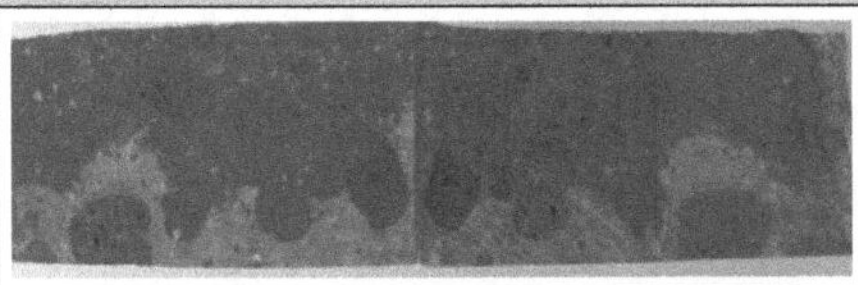	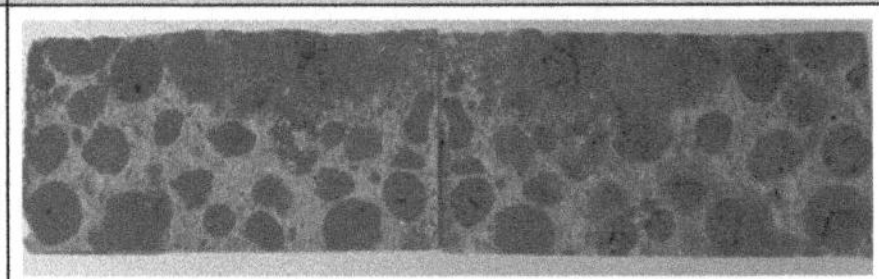
절건 경량골재	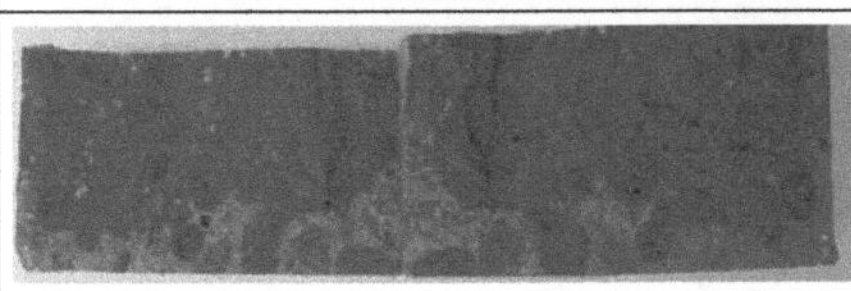	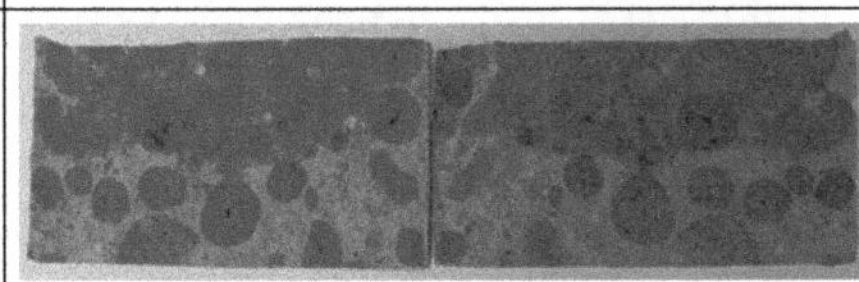
천연골재	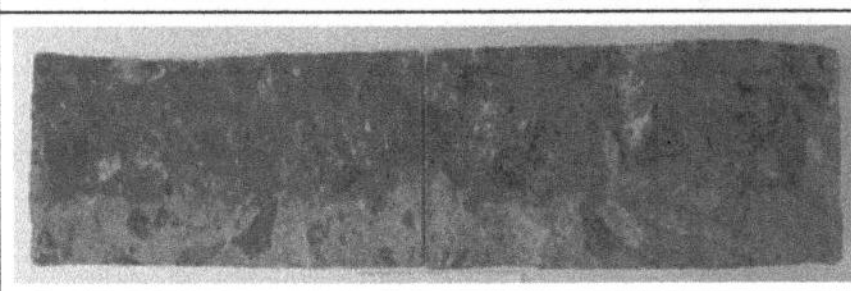	

그림 2.4-18 염소이온 투과깊이(밝은 부분이 염화물 침투면)

그림 2.4-18은 대표적인 시험체에서 염소이온이 침투한 형상을 나타낸 것이다. 원주형 시험체를 약 50 mm로 절단하고, 염소이온 투과시험을 실시한 다음, 0.1 M 질산은 용액을 분무하여 염소이온의 침투깊이를 확인하였다. 그 결과 골재종류와는 상관없이 W/B 0.45 배합의 염소이온 침투깊이가 적었으며, W/B가 높은 0.65 배합은 침투깊이가 크게 나타났다. 절건 경량골재보다 천연골재와 기건 경량골재 배합에서 염소이온 침투깊이가 큰 값이었다.

2.5 바텀애시 잔골재의 적용 사례

바텀애시를 콘크리트용 골재로 활용하고자 하는 노력은 최근까지 계속되고 있으나, 천연골재와 달리 품질 편차가 크고 불리한 여러 물리적 특성 등으로 인해 벽돌 및 블록 등과 같은 비구조용 프리캐스트 콘크리트 제품 및 이들의 재활용 제품에만 국한되어 사용하고 있다. 현재까지 바텀애시 골재 콘크리트의 배합, 시공 및 설계 기술과 관련한 연구는 매우 미미한 수준에 있으며, 관련 제품의 실용화 및 시장진입 또한 다소 지지부진한 실정이다.

본 절에서는 바텀애시 골재를 활용한 프리캐스트 콘크리트(precast concrete, PC) 제조를 위한 레디믹스트 콘크리트 생산 사례를 소개한다. 이 사례에서는 그림 2.5-1에 나타낸 바와 같이 생산을 위한 재료의 수급, 표면수 보정, 믹싱 및 타설의 과정이 포함되며 이를 통해 대량생산 시 발생될 수 있는 제한요소를 검토하였다. 특히 경량 콘크리트의 PC 양생조건을 고려하여 양생온도 및 지속시간을 변수로 압축강도 발현 특성을 평가하여 실내 실험 결과와 비교하였다. 사용된 바텀애시 잔골재의 단위용적질량은 1,190 kg/m³ , 조립률은 2.93 및 실적률은 58.8% 수준이다. 적용된 배합표는 표 2.5-1과 같으며, 재령 28일 압축강도(f_{ck})를 기준으로 각 재령에서의 압축강도($f_c(t)$) 발현 비율을 그림 2.5-2에 나타내었다. 이 사례에서 보면 바텀애시 골재 콘크리트의 PC 적용을 위한 양생온도별 강도발현율에서 60℃에서 양생한 시험체가 표준양생 시험체에 비해 평균 약 27.8%(5.2 MPa) 가량 높은 초기강도(재령 3일 기준)를 나타냈으나, 60℃(12시간)과 60℃(8시간)의 차이는 평균 약 7.9%(1.7 MPa)로 크지 않았다. 바텀애시 골재 콘크리트의 f_{ck}는 20℃에서 표준양생된 시험체를 기준으로 R_S가 0%, 50% 및 100%로 증가할 때 각각 31.1 MPa, 30.0 MPa 및 20.3 MPa을 나타내며 감소하였다. 특히 잔골재의 입도분포 최적화에 따라 R_S=50%와 R_G=100% 시험체에서 상당히 높은 강도수준을 나타낸 것을 주목할 만하다(Kim et al., 2021). 바텀애시 골재 치환에 따른 강도발현율은 *fib* 2010(2010) 모델과 비교해 낮은 초기강도와 높은 장기강도 특성을 나타내며 바텀애시 잔골재의 포졸란 반응성을 특징적으로 나타내고 있다. 결과적으로 바텀애시 골재의 프리웨팅(pre-wetting), 입도 및 표면수 보정 등이 동반될 시 목표강도를 충족할 수 있었으며, 실내 배합실험과 유사한 수준으로 평가되었다.

표 2.5-1 바텀애시 골재 활용한 프리캐스트 콘크리트 배합표 예

R_S(%)	R_G(%)	물-시멘트비	잔골재율	배합비(kg/m³)				
				물	시멘트	잔골재		굵은골재
						모래	바텀애시	바텀애시
100	100	0.3	0.45	175	583	0	555	592
50	100					342	278	592
0	100					684	0	592

여기서, R_S는 바텀애시 잔골재 치환율(%), R_G는 바텀애시 굵은골재 치환율(%)을 각각 뜻한다.

(a) 골재 이동 컨베이어 벨트

(b) 배처플랜트 믹서

(c) 콘크리트 출하

(d) 굳지 않은 콘크리트 실험

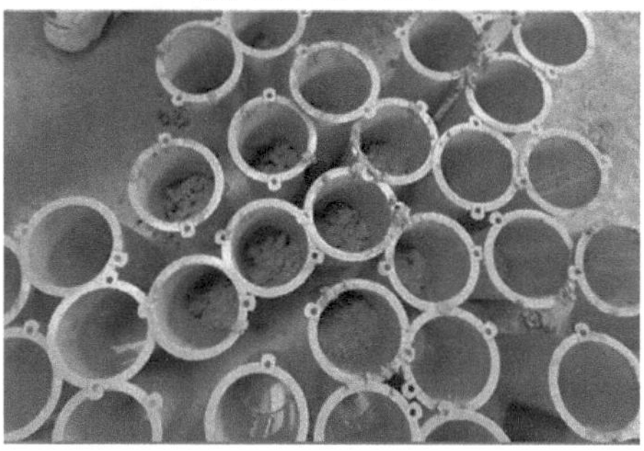

(e) 공시체 제작

(f) 온도조건별 양생

그림 2.5-1 바텀애시 골재 PC 배합 및 양생 예

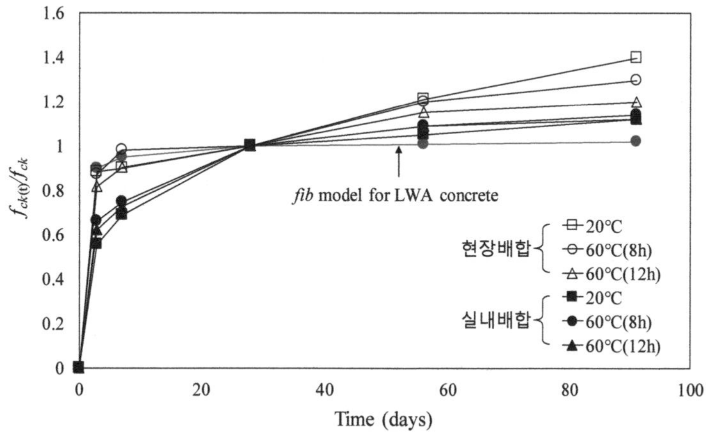

(a) R_S=100%, R_G=100%

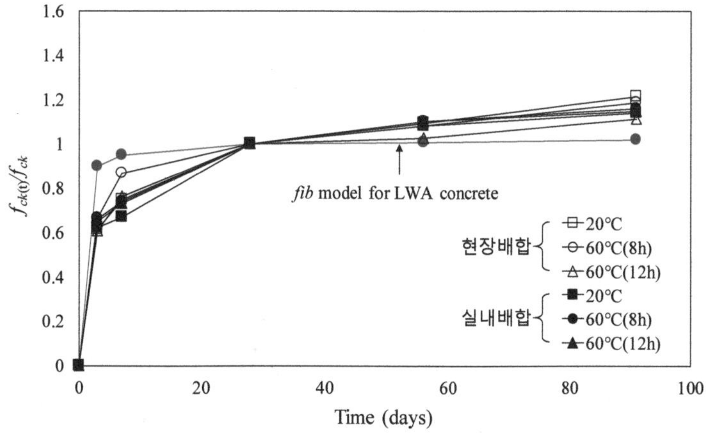

(b) R_S=50%, R_G=100%

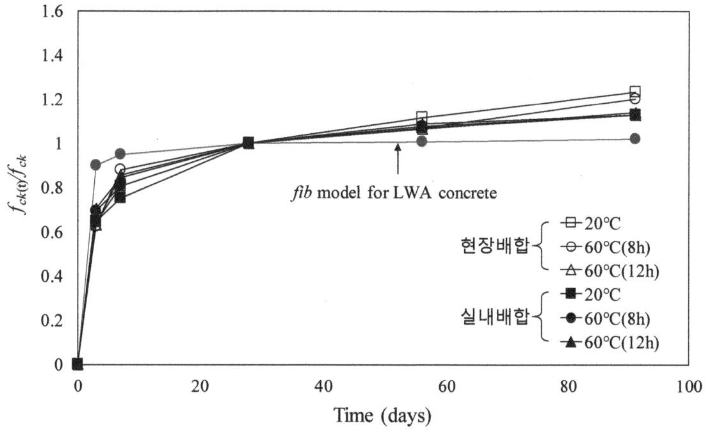

(c) R_S=0%, R_G=100%

그림 2.5-2 바텀애시 골재 PC의 압축강도 발현율에 대한 현장 및 실내실험 결과 비교

제3장 시공

3.1 시공일반

(1) 경량골재 콘크리트의 시공과 관련하여 이 기준에서 규정하지 않은 사항은 KCS 14 20 01, KCS 14 20 10에 따른다.

3.2 운반

(1) 경량골재 콘크리트의 운반은 통상의 레디믹스트 콘크리트용 운반차를 사용하는 것을 기준으로 한다. 다만 재료분리나 슬럼프 저하 등의 품질저하가 우려될 경우 별도의 운반 대책을 마련할 수 있다.
(2) 경량골재 콘크리트는 콘크리트용 펌프를 사용하여 압송할 수 있으며 높은 위치에 타설하거나 장거리 압송의 경우 이에 상응하는 조치를 사전에 취하여 배관 막힘사고 등이 발생하지 않도록 대책을 강구하도록 한다.

(1) 경량골재 콘크리트의 운반은 국내 대부분의 콘크리트 제조사가 채택하고 있는 '공장 믹싱 후 운반'의 형식인 센트럴 방식의 제조 및 운반 과정을 거침에 따라 별도의 운반차 구조나 형식의 결정이 사실상 불가능함에 따라 일반 레미콘용 에지데이터 트럭을 사용하는 것을 기준으로 하도록 한다. 다만 사전의 시험배합 과정에서 재료분리나 슬럼프 손실에

따른 품질 저하 등 특별한 조치를 강구해야만 하는 상황이 발견될 경우에는 현장에서의 믹싱 등 특별한 조치를 취할 수 있음을 명시하였다.
또한 경량골재 콘크리트는 운반 중에 과도한 진동을 받지 않도록 소정시간 내에 안전하게 운반할 수 있는 경로를 미리 선정한다.

(2) 최근 국내에서 시공된 경량골재 콘크리트 적용 건물의 시공사례에 비추어 볼 때 일반 콘크리트와 마찬가지로 경량골재 콘크리트 역시 펌프 압송이 일반적인 공법이라고 할 수 있다. 이에 경량골재 콘크리트의 펌프 압송을 전제로 하여 기본적인 타설 방식으로 제시하였으며, 높은 위치에 타설하거나 장거리 압송 등 가혹한 조건의 압송이 요구되는 경우에는 사전에 배합계획이나 골재의 프리웨팅(pre-wetting), 또는 일부 제품에서 적용 가능한 함수율 사전 조정 골재 등을 사용을 통해 골재의 수분상태 등의 조정을 통하여 압송시의 배관 막힘사고 등에 대한 사전검토를 위한 시험을 실시하고 그 결과를 시공에 반영하는 조치가 필요할 것이다.
또한 유럽이나 중국에서 생산하는 골재의 경우 주로 기건 상태로 출하되며, 이러한 골재를 사용한 콘크리트의 제조 시 충분한 포수상태에 이르지 못하면 콘크리트의 시공성이나 품질에 좋지 않은 영향을 미치게 된다. 반대로 일본산 경량골재의 경우 생산과정에서 완전포수상태로 제품화되어 제조 및 시공과정에서 품질의 안정성과 시공성을 확보할 수 있게 되는 등 골재의 종류 및 특성에 따라 매우 다른 양상을 보일 수 있음을 감안할 때 이러한 포괄적이고 선제적인 조치를 염두에 두어야 할 것이다.
일반적으로 경량골재 콘크리트는 펌프 압송을 위해 필요한 펌핑 압력이 상대적으로 높다. 아래 예제는 수평 118 m 펌프 압송 실험을 통해, 측정한 경량골재 콘크리트의 펌핑 압력이다 (Shin et al., 2022). 그림 3.2-1은 실험에 사용한 125 mm 압송관 도면으로, 5개의 압력 센서(P0, P1, P2, P3 및 P4)를 배치하여 펌핑 압력을 측정하였다. 실험에 사용한 콘크리트 배합은 표 3.2-1에 제시한 바와 같이, 인공경량 굵은골재(단위용적질량 787 kg/m^3 , 굵은골재 최대치수 20 mm)를 사용하여 물-결합재비(W/B) 0.53으로 제조된 1종(L) 경량골재 콘크리트의 기건 밀도는 1,915 kg/m^3 이다. 슬럼프는 220 mm이고 공기량은 4.6%, 재령 28일 강도는 25.3 MPa이다. 또한, 비교군으로 물-결합재비(W/B)가 0.49인 일반 콘크리트 (N)는 슬럼프 155 mm와 공기량 6.2%으로 제조하여 사용하였다.

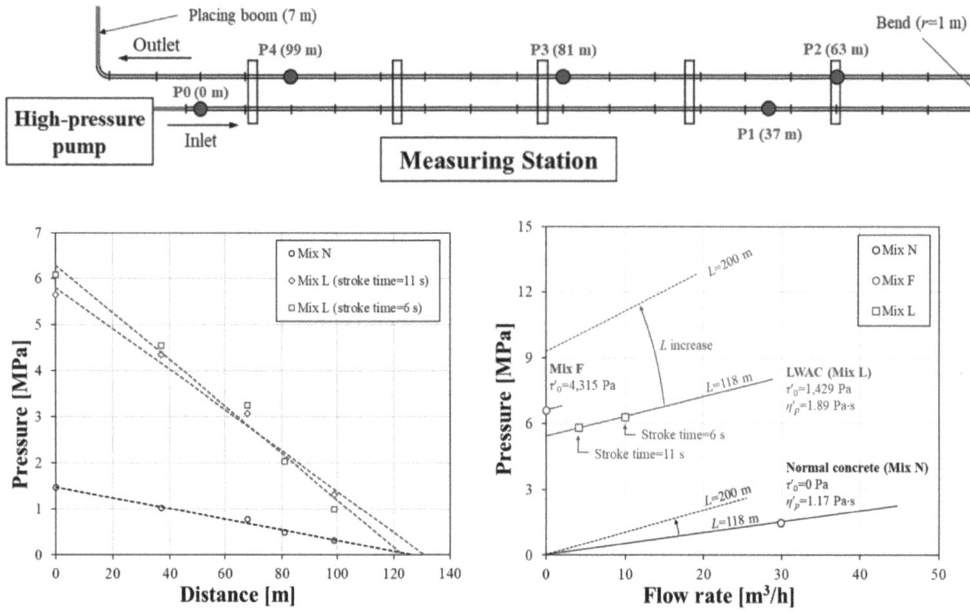

그림 3.2-1 경량골재 콘크리트의 펌프 압송 실험 예제

표 3.2-1 펌프 압송 실험에 사용한 콘크리트 배합

샘플	물-결합재비	배합비(kg/m³)						단위질량(kg/m³)	슬럼프(mm)	공기량(%)	압축강도(MPa)
		물	시멘트	플라이애시	잔골재	굵은골재	혼화제				
L	0.528	190	270	90	854	511	2.52	1,918	220	4.6	25.3
N	0.486	168	294	52	878	954	2.42	2,348	155	6.2	38.0

경량골재 콘크리트에 대해 펌프의 스트로크 시간을 6초와 11초로 조절하여 펌핑 압력을 측정하였다. 이때 펌핑속도는 각각 10 m³/h와 4 m³/h로 차이가 있지만, 필요한 펌핑 압력은 약 48 kPa/m로 비슷하였다. 이에 비해 일반 콘크리트는 스트로크 시간 5초(펌핑속도 30 m³/h)에서 약 12 kPa/m의 펌핑 압력이 측정되었다. 즉, 118 m 수평 압송 시 필요한 펌핑 압력은 일반 콘크리트보다 4배가량 높다.

한편 펌핑 압력-속도 관계를 분석하면, 일반 콘크리트는 펌핑 속도에 비례하는 압력이 필요한 데 반해 경량골재 콘크리트는 압력이 배합 자체에서 소산되어 펌핑 속도가 늦어져도 약 5 MPa 이상의 압력이 필요하다. 또한, 압송 길이가 길어질수록 경량골재 콘크리트 배합에서의 소산 압력이 더 커질 것으로 예상된다.

3.3 타설

3.3.1 타설

(1) 경량골재 콘크리트를 타설할 때 재료분리 및 콘크리트의 품질변화가 최소화될 수 있는 공법과 기기를 선정하여 시공하도록 한다.

(1) 경량골재 콘크리트의 굵은골재가 떠오르는 부립 현상을 막기 위해 증점제 등을 사용하여 골재 분리가 일어나지 않도록 하는 조치가 필요하다. 경량 굵은골재의 부립률 시험 방법은 KS F 2531을 따른다.
또한 재료분리뿐만 아니라 타설 중 발생할 수 있는 슬럼프 저하나 이에 의한 강도의 변화 등에도 대응할 수 있도록 골재의 함수조건 관리나 유동성 증진을 위한 혼화 재료의 사용 등에 대한 조치를 강구하도록 한다. 경량골재 콘크리트의 타설을 위해 사용하는 거푸집 및 동바리는 보통 콘크리트에 대한 것보다 적은 하중에 대하여 설계할 수 있다.

3.3.2 다지기

(1) 경량골재 콘크리트는 재료분리가 발생하지 않도록 다짐 방법 및 다짐 기구의 선정에 유의하도록 한다.
(2) 고유동 콘크리트 등과 같이 슬럼프 및 플로가 커서 다짐이 필요 없다고 판단되는 경우에는 책임기술자와 협의하여 다짐을 생략할 수 있다.

(1) 경량골재 콘크리트를 내부진동기로 다질 때 그 유효범위는 일반 콘크리트에 비해서 작고, 자중이 작아 거푸집의 구석구석이나 철근의 둘레에 잘 다져지지 않으므로 진동기의 간격을 좁게 하거나 진동시간을 길게 하여야 한다. 그러나 진동을 많이 주면 굵은골재가 위로 떠오르는 경우도 있으므로 주의하여야 하며, 가급적 진동시간을 길게 하는 것보다 진동기의 진동 주파수가 큰 진동기를 사용하는 것이 효과적이다. 또한 다짐 시간의 경우 종래의 기준에는 획일적인 기준을 제시하였으나 외국의 사례를 비추어 볼 때 일본 JASS의 규정이나 미국 ACI 규정 등이 다짐 시간을 충분히 가지도록 한다는 내용과 다짐 시간의

최대를 규정하여 제한하는 등의 서로 상반되는 내용을 표현하고 있는 점은 각국의 대표적인 경량골재가 내부의 공극구조나 함수 상태가 달라 진동에 대한 함수조건이 상이함에 따른 것으로 다양한 골재를 사용하는 국내의 경우에는 대체로 진동시간을 충분히 주도록 하는 것을 기본으로 하되 가급적 골재 공급자가 제공하는 특기시방을 준수하는 것이 바람직하다.

3.4 양생

(1) 경량골재 콘크리트의 양생은 KCS 14 20 10(3.4)의 해당 규정에 따른다.

(1) 경량골재 콘크리트의 양생은 일반 콘크리트의 양생기준을 준용하되, 급격한 기온상승이나 바람이 강한 날은 소정의 강도를 확보, 균열 피해를 방지하기 위하여 수시로 살수를 실시하고 시트양생과 병행하여 양생하는 것이 필요하다.

3.5 현장 품질관리

(1) 경량골재 콘크리트의 현장 품질관리는 KCS 14 20 10(3.5)의 해당규정에 따른다.

(1) 경량골재 콘크리트의 현장 품질관리는 일반 콘크리트의 양생기준을 준용하되, 펌프 압송 전후의 유동성 저하 등의 요인에 의해 펌프 압송이 난해해질 수 있으므로 일반 콘크리트 대비 슬럼프를 높게 증가시킬 필요가 있으나 경량골재 콘크리트는 일반 콘크리트에 비하여 골재의 밀도가 작아 골재가 표면에 떠오르는 부립 현상이 나타나기 때문에 단순한 물-결합재비의 증가로 슬럼프를 향상시킬 경우 경량골재 부립 현상이 발생할 수 있으니 이에 주의해야 한다. 슬럼프의 증가뿐만 아니라 콘크리트에 점성을 부여하여 펌핑 성능을 높이고, 펌핑 능력이 높은 압송장비의 선정을 고려하여야 한다.

또한, 펌프 압송 전후의 성상을 충분히 확인하여 다짐 및 표면 마무리를 실시하여야 한다. 과도한 진동다짐은 경량골재의 떠오름 증가의 원인이 되므로 진동다짐을 실시할 때에는 경량골재가 표면에 떠오르지 않는 범위에서 다짐 작업을 수행해야 한다. 표면에 골재가 떠오르는 경우 타설 후 적절한 시기에 표면마감을 실시하고 된비빔 콘크리트의 경우 이른 시기에 실시하는 것이 좋다. 또한, 초결이 지난 후 탬핑을 통하여 표면 마무리가 이루어져야 한다.

그림 3.5-1 경량골재 부립 현상

그림 3.5-2 탬핑 후 표면 마무리

3.6 레디믹스트 콘크리트

(1) 경량골재 콘크리트는 KS F 4009 표시 인증 공장에서 제조하여야 하며 경량골재 콘크리트에 대한 경험이 풍부한 기술자가 있는 공장에서 제조하도록 한다.

※ 개정이 필요한 부분으로 아래 해설 부분에 개정안을 제시하였음.

(1) 레디믹스트 콘크리트 공장에 따라 제조설비, 제조기술, 품질관리에 차이가 있으므로 경량골재 콘크리트는 레디믹스트 콘크리트의 제조에 관한 KS 인증인 KS F 4009 표시 인증 공장으로부터 구입하는 것을 원칙으로 한다. 특히 경량골재 콘크리트는 골재의 취급 및 저장과 배합설계 능력, 믹싱 기술 등에 충분한 지식과 경험이 필요함에 따라 가급적 이러한 경량골재 콘크리트에 대한 지식과 경험이 있는 기술자의 상주, 공장의 제설비 및 품질관리 상태 등을 조사하여 지정된 콘크리트 품질이 얻어지는 것이 확인되는 공장에서 구입하는 것이 좋다.

그러나 국내의 경우 기존에는 경량골재 콘크리트 KS 인증을 취득한 레디믹스트 콘크리트 공장이 있었으나, 국내 경량골재 생산미비와 구조용 경량골재 콘크리트의 수요가 부족하여 KS F 4009에 따른 경량골재 콘크리트 KS 인증이 가능한 공장이 부족한 실정이다. 경량골재 콘크리트는 일반 콘크리트에 비하여 지식과 경험이 많은 기술자가 상주하지 않는 공장이 많기 때문에 안정적인 품질을 확보하기 위해서는 골재의 취급 및 저장, 함수상태 등을 정기적으로 확인할 필요가 있으며, 현장반입 전 모의실험 등을 통하여 구조용 경량골재 콘크리트의 현장 적용이 가능한 생산 제조기술의 검증이 필요하다.

(2) 이 부분은 다음과 같이, 레디믹스트 콘크리트 규격에 대한 제시가 필요하다. **“경량골재 콘크리트 구입자는 굵은골재의 최대치수, 슬럼프 및 호칭강도를 조합한 표 3.6-1에 표시한 ○표를**

한 범위 내에서 종류를 지정하는 것을 원칙으로 한다.” 2022년 KS F 4009의 개정으로 추후 시방 변경이 필요하다.

표 3.6-1 레디믹스트 콘크리트(경량골재 콘크리트)

굵은골재의 최대치수(mm)	슬럼프 또는 슬럼프 플로(mm)	호칭강도(MPa)										
		18	21	24	27	30	35	40	45	50	55	60
13, 20	150, 180, 210	○	○	○	○	○	○	○	-	-	-	-

경량골재 호퍼 투입

경량골재 레미콘 제조

경량골재 레미콘 샘플 채취

경량골재 레미콘 시험

그림 3.6-1 경량골재 콘크리트 레미콘 생산 사례

(2) 콘크리트의 품질로서 기본적인 것은 KS F 4009의 콘크리트의 종류에 따르고, 구조체 타설 조건에 따라 굵은골재 최대치수, 슬럼프 또는 슬럼프 플로, 호칭강도가 지정되어야 한다. 레디믹스트 콘크리트를 주문할 때 사용하는 호칭강도는 재령 28일의 표준양생 공시체의 압축강도로서 실제 구조물에서의 압축강도와는 다르다.

기온, 습도 및 양생 등 시공 및 현장조건에 따라 실제 구조물 압축강도가 작아질 우려가 있으므로 반드시 구조계산으로 정해진 설계기준압축강도와 내구성 설계를 고려한 내구성 설계기준강도 중에서 큰 값으로 결정된 품질기준강도에 기온보정강도를 고려하여 호칭강도

를 주문하여야 한다.
예를 들면, 구조계산에서 설계기준압축강도가 24 MPa로 정해지면 종전에는 주로 호칭강도를 24 MPa로 주문하고, 사용하여 왔다. 하지만 탄산화에 대한 내구성을 고려하여 노출범주 및 등급이 EC3일 경우에 내구성 기준압축강도는 27 MPa로 하여야 한다. 이와 같은 경우 호칭강도는 기온, 습도, 양생 등 강도 보정을 고려하여 27 MPa보다 높은 강도를 호칭강도로 정하여 주문한다.

(3) 공기량은 동결융해저항성 확보를 주요 목적으로 하므로 KS에 적합하여야 한다. 다만, 고강도로 갈수록 동결융해 저항성은 증대하므로 강도수준에 따라 적절히 공기량을 조정하여 지정할 수 있다.
일반적인 경우는 KS 또는 KCS에 따른다. 다만, 타설 과정에서 콘크리트의 공기량은 펌프카에 의한 압송, 다지기 등에 의해 타설 전의 공기량보다 저하된다. 따라서 현장에서는 이를 고려하여 가능한 현장에 반입된 콘크리트를 활용하도록 관리하는 것이 바람직하다.

3.7 경량골재 콘크리트의 펌핑 사례

3.7.1 펌핑의 일반사항

경량골재는 펌프 압송 중에 콘크리트의 유효수의 가압에 따라 수분이 경량골재 내부의 공극으로 흡수되기 때문에 콘크리트의 컨시스턴시가 저하되어 배관의 막힘 현상을 유발할 수 있다.
경량골재 콘크리트의 펌프 압송을 용이하게 하기 위해서는 충분한 프리웨팅(pre-wetting)을 실시하여 경량골재의 골재에 흡수되는 물을 적게 함과 동시에 관내 속도를 제어하여 관내 저항압을 늦추는 조치가 필요하다. 관내 저항압을 적게 하기 위해서는 허용슬럼프를 가능한 최대로 설정하는 것이 필요하지만, 경제성을 고려하여 선송 모르타르 또는 유동화제의 첨가에 의한 유동화콘크리트의 사용을 권장할 수 있다.
기존의 펌프 압송사례에서 선송 모르타르를 사용한 경우 모르타르의 영향력이 없어지는 시점에서 원활한 펌핑이 이루어지지 않는 사례가 존재하기 때문에 본 공사 이전에 사전 펌프 압송 실험 등을 통하여 콘크리트 유동성의 정도를 확인하는 것이 좋다.

그림 3.7-1 경량골재 콘크리트 현장 펌핑 타설[11)]

그림 3.7-2 경량골재 콘크리트 펌프카 배출

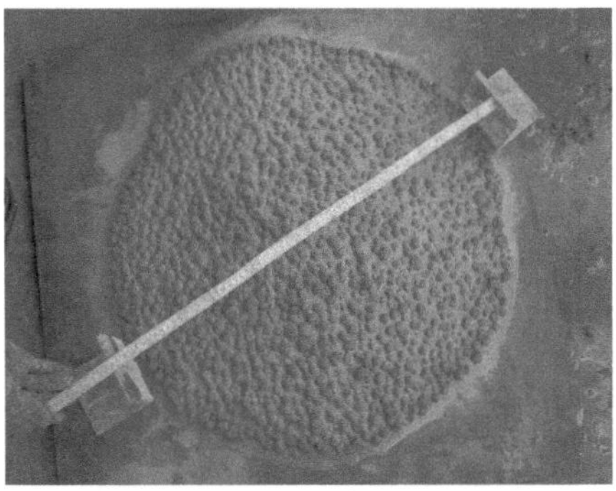

그림 3.7-3 펌핑 전 경량골재 콘크리트

그림 3.7-4 펌핑 후 경량골재 콘크리트

그림 3.7-5 경량골재 호퍼

그림 3.7-6 경량 콘크리트 생산

그림 3.7-7 레디믹스트 콘크리트 공장[12)]

11) 주)렉스콘, "아일렉스타워에 국내최초 펌핑 타설(11~15층)", 2006
12) ㈜렉스콘 안양공장, 국내최초 경량콘크리트 KS 인증취득, 2011.11

3.7.2 국내의 경량골재 콘크리트 펌핑사례

국내 E사는 인공경량골재를 제조하는 업체이다. 해당 기업은 '경량 콘크리트 수평배관 압송실험'을 실시하였다. 실험항목은 슬럼프, 공기량, 단위용적질량을 검토하였다. 목표 슬럼프는 150 mm와 210 mm이다. 실험결과, 목표 슬럼프가 150 mm일 때, 압송 후 슬럼프는 180 mm로 도출되었으며 압송 전 210 mm에 비해 30 mm가 감소하였다. 목표 슬럼프가 210 mm일 때, 압송 후 슬럼프는 180 mm로 도출되었으며 압송 전 260 mm에 비해 80 mm가 감소하였다. 목표 슬럼프가 150 mm일 때 공기량은 압송 전에 6.8%, 압송 후 4.6%로 감소하였다. 목표 슬럼프가 210 mm일 때 공기량은 압송 전 7.0%, 압송 후 6.9%로 약간 감소하였지만 차이는 미비하다. 또한, 목표 슬럼프가 150 mm와 210 mm 모두 단위용적질량은 압송 전보다 압송 후에 증가하였다.

경량골재를 사용한 콘크리트는 압송 중 골재의 물을 흡수하는 현상에 의하여 압송력의 저하현상을 완벽하게 제어할 수 없으므로 콘크리트의 유동성을 높게 하고 일반 콘크리트의 펌프 압송에 활용되는 장비보다 더 높은 압송력을 갖는 장비를 선정하여야 한다.

또한 펌프 압송 전후의 콘크리트의 워커빌리티를 고려하여 사용되는 배관의 구경을 크게 하거나 단위시간당 압송량을 조절하는 것을 권장할 수 있다.

표 3.7-1 국내 E기업 경량 콘크리트 펌프 압송 시험

<table>
<tr><th colspan="2" rowspan="3">구분</th><th colspan="2" rowspan="2">Plain</th><th colspan="4">경량 콘크리트</th></tr>
<tr><th colspan="2">슬럼프 : 150 mm</th><th colspan="2">슬럼프 : 210 mm</th></tr>
<tr><th>압송 전</th><th>압송 후</th><th>압송 전</th><th>압송 후</th><th>압송 전</th><th>압송 후</th></tr>
<tr><td colspan="2">슬럼프(mm)</td><td>220</td><td>195</td><td>210</td><td>180</td><td>260</td><td>180</td></tr>
<tr><td colspan="2">공기량(%)</td><td>5.5</td><td>6.7</td><td>6.8</td><td>4.6</td><td>7.0</td><td>6.9</td></tr>
<tr><td colspan="2">단위용적질량(kg/m³)</td><td>2,224</td><td>2,172</td><td>2,019</td><td>2,042</td><td>2,008</td><td>2,020</td></tr>
<tr><td rowspan="2">시험전경</td><td>압송 전</td><td colspan="2"></td><td colspan="2"></td><td colspan="2"></td></tr>
<tr><td>압송 후</td><td colspan="2"></td><td colspan="2"></td><td colspan="2"></td></tr>
</table>

표 3.7-2 콘크리트의 종류에 따른 수송관의 수평 환산계수 실험 사례

항 목		공 칭 치 수	수평 환산 길이(m)	
		mm(inch)	보통골재 콘크리트	경량골재 콘크리트
상향 수직관 (1 m당)		100 A(4B) 125 A(5B) 150 A(6B)	3 4 5	4 5 6
테이퍼관 (1개당)		175 A → 150 A 150 A → 125 A 125 A → 100 A	4 8 16	4 10 20
곡관	반지름 0.5 m 반지름 1.0 m	90도	6	12 9
고무 호스		5~8 m인 것 1개	20	30

3.7.3 국외의 경량골재 콘크리트 펌핑사례 : 마드리드 피카소 타워[13)]

본 구조물은 마드리드의 중심지인 아스카에 지어진 45층(150 m) 높이의 건물로 1988년 스페인에서 가장 높은 건물이다. 재령 28일 압축강도 30.1 MPa이며, 단위용적질량은 1,855 kg/m³ 이다. 경량골재 콘크리트는 110 mm 두께의 슬래브로 시공되었으며, 건축물 총 면적에서 10,000 m³ 을 차지하였다.

경량골재 콘크리트의 압송에는 340 m의 압송 파이프가 사용되었으며, 이는 120 m까지 지상으로 연결되었다. 타설층의 높이에 따라 40~60 m³ /h의 가변 성능을 가진 Putzmeister BSA 1406E가 사용되었으며, 중간 압송 단계 없이 전체 단일 라인의 압송이 수행되었다. 콘크리트 압송기는 3,000 rpm에서 90 kW의 전력이 소요되었고, 콘크리트 압력은 70 bar로 압송하였다. 압송 파이프의 직경은 200 mm였으며, 최대 154 m까지 300 bar의 유압력이 부여된 것을 사용하였다.

3.7.4 국외의 경량골재 콘크리트 펌핑사례 : 시카고 리버포인트 타워[14)]

본 구조물은 시카고 2016년에 완공된 일리노이에 위치한 지상 52층의 건축물로 구조용 경량 콘크리트가 적용되었다. 재령 28일 압축강도는 27 MPa 수준으로 요구되었다. 시공된 경량골재 콘크리트는 열전도율이 낮기 때문에 일반 콘크리트에 비해 약 1/3 두께로 내화성이 충족되었다.

13) Lightweight Aggregate Concrete – Recommended extensions to Model Code 90 guide
14) https://arcosalightweight.com/case-studies/structural-lightweight-concrete/river-point

경량골재 콘크리트 압송은 고정식 Schwing 콘크리트 펌프를 사용하였으며, 지면과 최상층 사이에 약 16~18개의 연결부가 있었고, 각 연결부 당 5개의 수직 파이프를 추가로 설치하여 경량골재 콘크리트의 압송을 처리하였다. 경량골재 콘크리트가 토출되는 파이프는 직경 5인치의 고무 파이프를 사용하였다.

제4장 경량골재 콘크리트의 역학적 특성

4.1 개요

본 장에서는 경량골재 콘크리트(lightweight aggregate concrete)의 물리·역학적 특성에 관한 다수의 데이터베이스를 활용한 회귀분석을 통해 경량골재 콘크리트의 역학적 설계 모델을 제시한다. 경량골재 콘크리트에 대한 기존의 연구결과는 보통중량 콘크리트(normal weight concrete)에 비해 극히 제한적이다. 이에 본 장에서는 국내에서 활용률이 가장 높은 인공경량골재를 분석대상으로 하였으며, 분석에 활용된 데이터는 254개의 전경량 콘크리트 배합과 884개의 모래경량 콘크리트 배합이다.

경량골재 콘크리트의 다양한 역학적 특성은 경량골재를 대체한 천연골재의 치환율(R_s)과 공극률 등에 중요한 영향을 받으며, 이는 결과적으로 경량골재 콘크리트의 절건 밀도(ρ_c)로 나타날 수 있다. 따라서 경량골재 콘크리트의 역학적 특성을 예측하기 위해 ρ_c가 매우 중요한 매개변수로 작용한다. 경량골재 콘크리트의 재령 28일 압축강도(f_{ck}), 재령별 압축강도($f_c'(t)$) 발현율, 탄성계수(E_c) 및 응력-변형률 관계, 직접(f_t) 및 쪼갬 인장강도(f_{sp}), 파괴계수(f_r) 그리고 전단마찰강도(τ_f) 등의 역학적 성능을 배합설계인자 및 ρ_c 등의 매개변수로 공식화하였다. 또한 총 1,138개의 데이터에 기반해 산출된 모델은 ACI 213R-14 및 *fib* 2010 등의 국외 설계기준과의 비교를 통해 신뢰성을 확인하였다.

경량골재 콘크리트는 단위질량에 따라 각각 경량골재 콘크리트 1종(1,800~2,100 kg/m³)과 경량골재 콘크리트 2종(1,800~2,100 kg/m³)으로 구분하고 있다. 1종의 경우 호칭강도 18~40 MPa 범위의 경량골재 콘크리트를 포함하여 구조용으로 적용될 수 있는 반면, 2종의

경우 잔골재와 굵은골재를 모두 경량골재로 사용하여 주로 비구조용으로 활용된다. 이 지침에서는 국내에서 가장 활용성이 높은 바텀애시 및 준설토 기반의 인공경량골재 그리고 플라이애시, 팽창점토 및 팽창질석 기반의 인공경량골재를 주로 다루고 있다. 분석에 활용된 인공경량골재의 물리적 특성에 대한 일반적인 범위를 표 4.1-1에 나타내었다.

표 4.1-1 인공경량골재의 물리적 특성

종류	최대크기(mm)	겉보기 밀도(kg/m³)	흡수율(%)	조립률
인공경량 굵은골재	19∼25	800∼1,200	4.0∼30.0	5.0∼7.3
인공경량 잔골재	5	800∼1,000	8.0∼28.0	2.4∼2.7

4.1.1 기존 연구 데이터베이스 수집

공개된 기존 경량골재 콘크리트에 대한 연구결과들을 기반으로 주요 역학특성인 f_{ck}, $f_c'(t)$, E_c, f_t, f_{sp}, f_r 그리고 τ_f의 실험결과를 데이터베이스화 하였다. 구축된 데이터베이스의 매개변수 분포 비율은 그림 4.1-1과 같다. 데이터베이스 구축을 위해 수집된 기존 연구결과는 총 1,112개 배합이며, 전경량 콘크리트가 228개, 모래경량 콘크리트가 884개이다. 이와는 별도로 총 25개의 경량골재 콘크리트 배합(Lee, 2018; Yang and Yi, 2016; Lee et al., 2018)이 실험을 통해 평가되었다. 평가된 배합의 물-시멘트비(W/C)는 0.25∼0.58, 단위시멘트량은 319∼486 kg/m³ 의 범위에 있다.

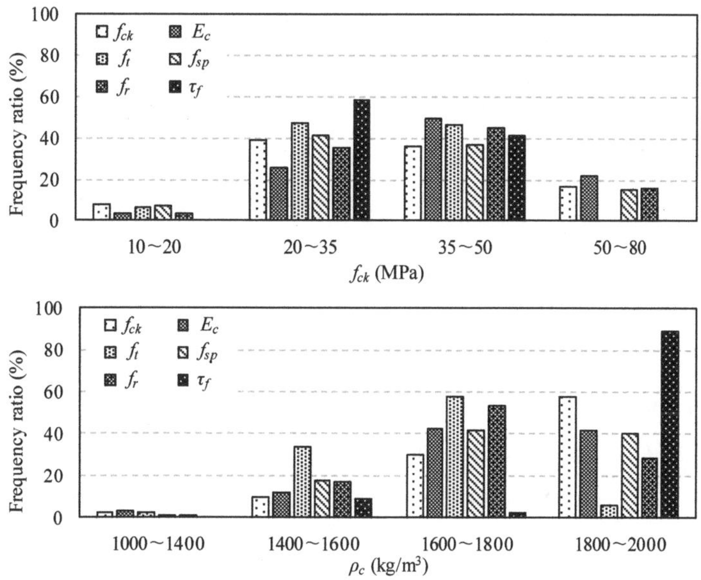

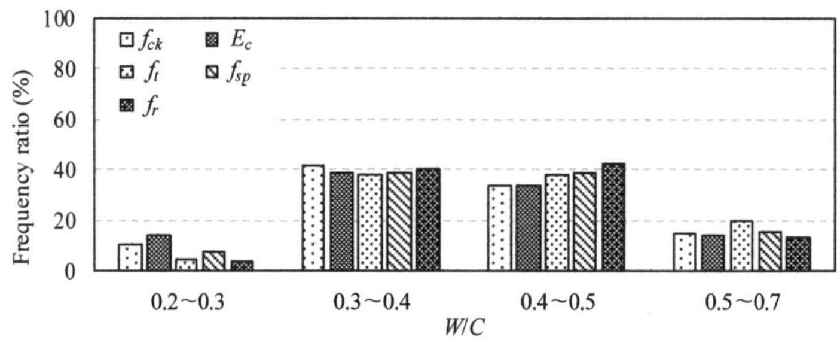

그림 4.1-1 데이터베이스 매개변수 분포비율

4.1.2 기호

bw : 시험체의 폭(mm)

C : 단위시멘트량(kg/m³)

C_L : 단위경량굵은골재량(kg/m³)

d : 원주형 공시체의 지름(mm)

d_1 : 쪼갬 파괴에서 인장력을 받는 단면의 지름(mm)

E_c : 탄성계수(MPa)

f_c^* : 콘크리트 유효 압축강도(MPa)

f_t^* : 콘크리트 유효 인장강도(MPa)

f_t^*/f_c^* : 유효 압축강도에 대한 유효 인장강도의 비

f_c' : 임의의 재령에서 압축강도(MPa)

f_c : 임의의 변형률에서 압축강도(MPa)

f_{ck} : 재령 28일의 압축강도(MPa)

f_r : 파괴계수(MPa)

f_{sp} : 쪼갬 인장강도(MPa)

f_t : 직접 인장강도(MPa)

h : 중립축으로부터 하단까지의 거리(mm)

k : 탄성계수와 할선탄성계수의 비($=E_c/E_{c1}$)

k_f : 실험을 통해 제시된 마찰계수

R_s : 경량골재를 대체한 천연모래 치환율(%)

S_i : 초기 슬럼프(mm)

S_l, α_l : 압축강도 발현속도에 대한 상수

T_1 : 쪼갬 파괴에서 순수 인장력에 대한 쪼갬 인장응력(MPa)

T_2 : 쪼갬 파괴에서 순수 인장력에 대한 직접 인장응력(MPa)

T_{r1} : 휨 응력에서 발생되는 힘(kN)

T_{r2} : 휨 응력에 대한 등가응력 블록에서 발생되는 힘(kN)

t : 콘크리트의 재령(일)

v_A : 공기량(%)

W/C : 물-시멘트 비

w_c : 콘크리트의 기건 밀도(kg/m³)

x : 휨 응력을 등가시켰을 때 증분된 중립축으로부터 응력의 중심까지 거리(mm)

$\overline{y}$: 중립축으로부터 힘의 중심까지의 거리(mm)

$\overline{y_1}$: 중립축으로부터 휨 응력의 중심까지 거리(mm)

$\overline{y_2}$: 중립축으로부터 등분포 인장응력의 중심까지 거리(mm)

α : 파괴면과 콘크리트의 상대변위 사이의 각도

β_1 : 응력-변형률 곡선에서 상승부와 하강부 기울기를 결정하는 계수

$\beta_{cc}(t)$: 각 재령에서 압축강도 발현율

$\gamma_{e,m}$: 정규화된 평균 제곱근 오차의 평균

$\gamma_{e,s}$: 정규화된 평균 제곱근 오차의 표준편차

γ_m : 실험값/예측값 비의 평균

γ_s : 실험값/예측값 비의 표준편차

γ_v : 실험값/예측값 비의 변동계수

ϵ_0 : 최대응력 시 변형률

$\epsilon_{0.5}$: 최대응력 이후 최대응력의 50% 지점에서 변형률

λ : 경량골재 콘크리트 수정계수

ν_c : 유효 압축강도계수

ν_t : 유효 인장강도계수

ρ_c : 콘크리트의 절건 밀도(kg/m³)

σ_1, σ_3 : 순수 전단에서의 주응력(MPa)

σ_t : 임의의 변형률에 대한 콘크리트의 인장강도(MPa)

τ_f : 전단마찰강도(MPa)

ϕ : 콘크리트 마찰각

4.2 역학적 특성 모델과의 비교

콘크리트 내 가장 큰 부피비를 차지하는 골재는 역학적 성능에 중요한 영향을 미친다. 특히, 다공질의 특성을 갖는 경량골재는 골재자체의 낮은 강성을 보완하기 위한 조치가 요구되며, 따라서 기존 보통중량 콘크리트의 역학적 특성과는 다른 별도의 수식이 요구된다. 즉, 보통중량 콘크리트 기반의 설계식들은 경량골재 콘크리트에서 수정이 요구되거나 콘크리트 밀도를 고려한 설계식의 제안이 필요하다.

국내의 경량골재 콘크리트에 관한 연구 및 적용실적은 국외에 비해 현저히 부족한 실정이다. 이에 KBC(2016) 등의 설계기준에서는 보통중량 콘크리트의 역학적 특성 모델을 기반으로 탄성계수 및 파괴계수에 대해 경량 콘크리트 수정계수를 적용하여 제시하고 있다(표 4.2-1). 본 절에서는 경량골재 콘크리트의 여러 역학적 특성에 대한 제안 모델(표 4.2-2)을 요약하여 나타내었다.

표 4.2-1 보통중량 콘크리트 역학적 특성에 대한 제안모델의 요약

구분		제안 모델
역학적 특성	수정계수, λ	$\lambda = 0.75 + 0.1(R_s/100)$ $\lambda = \dfrac{f_{sp}}{0.556\sqrt{f_{ck}}} \le 1.0$ (f_{sp} 값이 존재하는 경우)
	파괴계수, f_r (MPa)	$f_r = 0.62\lambda\sqrt{f_{ck}}$
	탄성계수, E_c (MPa)	$E_c = 0.077\,w_c^{1.5}\sqrt[3]{f_{ck}}$

표 4.2-2 경량골재 콘크리트 역학적 특성에 대한 제안모델의 요약

구분		제안 모델
역학적 특성	재령 28일 압축강도, f_{ck} (MPa)	$f_{ck} = 1.5\left[\left(\frac{\rho_c}{\rho_0}\right)^{1.3}\left(\frac{C}{W}\right)\cdot v_A^{-0.1}\right]^{0.95}\cdot f_0$
	직접 인장강도, f_t (MPa)	$f_t = 2.38\left[f'^{0.1}_c\left(\frac{\rho_c}{\rho_0}\right)^2\right]^{0.67}$
	쪼갬 인장강도, f_{sp} (MPa)	$f_{sp} = 2.93\left[f'^{0.1}_c\left(\frac{\rho_c}{\rho_0}\right)^2\right]^{0.67}$
	파괴계수, f_r (MPa)	$f_r = 6.35\left[f'^{0.1}_c\left(\frac{\rho_c}{\rho_0}\right)^2\right]^{0.67}$
	전단마찰강도, τ_f (MPa)	기본 모델 : $\tau_f = \frac{1}{2}\nu_c f_c' \frac{2}{\cos\alpha}(l - m\sin\alpha)$; $\nu_c = \exp\left[-0.055\left(\frac{f_c'}{f_0}\right)\left(\frac{\rho_0}{\rho_c}\right)^{1.5}\right]$
역학적 특성	응력-변형률 관계	기본 모델 : $f_c = \left[\frac{(\beta_1+1)\left(\frac{\epsilon_c}{\epsilon_0}\right)}{\left(\frac{\epsilon_c}{\epsilon_0}\right)^{\beta_1+1}+\beta_1}\right]f_{ck}$; $E_c = 8090\left[f_{ck}^{(1/3)}\left(\frac{\rho_c}{\rho_0}\right)\right]^{0.89}$; $\epsilon_0 = 0.0023\exp\left[7.44\left(\frac{f_{ck}^{1.6}}{E_c}\right)\right]$; $\beta_1 = 0.19\exp\left[0.54\frac{f_{ck}}{f_0}\left(\frac{\rho_0}{\rho_c}\right)^{1.5}\right]$ for $\epsilon_c \le \epsilon_0$; $\beta_1 = 0.32\exp\left[0.58\frac{f_{ck}}{f_0}\left(\frac{\rho_0}{\rho_c}\right)^{1.5}\right]$ for $\epsilon_c > \epsilon_0$.
재령에 따른 압축강도 발현율		$f'_c(t) = \beta_{cc}(t)\times f_{ck}$; $\beta_{cc}(t) = \exp\left\{S_l\left[1-\left(\frac{28}{t}\right)^{\alpha_l}\right]\right\}$; $S_l = 34.1\left(\frac{\rho_c}{\rho_0}\frac{f_0}{f_{ck}}\right)^{1.06}$

4.2.1 재령 28일 압축강도(f_{ck})

일반적으로 콘크리트의 재령 28일 압축강도(f_{ck})는 W/C나 단위시멘트량(C) 등에 의해 결정된다. 데이터베이스 분석결과에 따르면 경량골재 콘크리트의 경우 ρ_c에 중요한 영향을 받는 것을 알 수 있다. W/C, 공기량(V_A) 및 ρ_c에 대한 회귀분석을 통해 경량골재 콘크리트의 f_{ck}는 다음과 같이 제시될 수 있다(그림 4.2-1).

$$f_{ck} = 1.5\left[\left(\frac{\rho_c}{\rho_0}\right)^{1.3}\left(\frac{C}{W}\right)\cdot v_A^{-0.1}\right]^{0.95}\cdot f_0 \qquad \text{(식 4.2-1)}$$

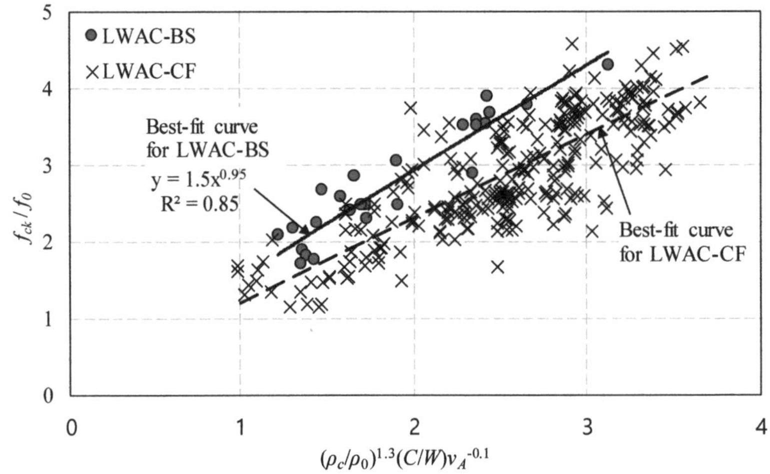

그림 4.2-1 경량골재 콘크리트의 재령 28일 압축강도 회귀분석

KBC(2016) 및 *fib* 2010(2010)에서는 특정 재령의 경과에 따른 콘크리트의 압축강도($f_c'(t)$)를 다음과 같이 제시한다.

$$f'_c(t) = \beta_{cc}(t) \times f_{ck} \qquad \text{(식 4.2-2)}$$

$$\beta_{cc}(t) = \exp\left\{S_l\left[1-\left(\frac{28}{t}\right)^{\alpha_l}\right]\right\} \qquad \text{(식 4.2-3)}$$

여기서, $\beta_{cc}(t)$는 f_{ck} 대비 t 재령에서의 압축강도 발현율을 뜻하며, S_l와 α_l는 발현속도 상수이다. KBC(2016)에서는 시멘트의 종류 및 양생방법에 따른 S_l를 제시하고 있으나, 경량골재 콘크리트에 대한 고려는 하지 않는다. *fib* 2010에서는 사용되는 경량골재의 강도에 따라 S_l를 0.05~0.25 범위로 적용하도록 제시하고 있다.

ρ_c와 W/C에 중요한 영향을 받는 경량골재 콘크리트의 특성을 고려해 실험결과에 기반하여 S_l 값을 수정 제시하였다. 경량골재 콘크리트의 S_l에 대한 f_{ck} 및 ρ_c의 영향성을 고려하였을 때, 회귀분석으로부터 다음과 같이 제시할 수 있다(그림 4.2-2).

$$S_l = 34.1\left(\frac{\rho_c}{\rho_0}\frac{f_0}{f_{ck}}\right)^{1.06} \qquad \text{(식 4.2-4)}$$

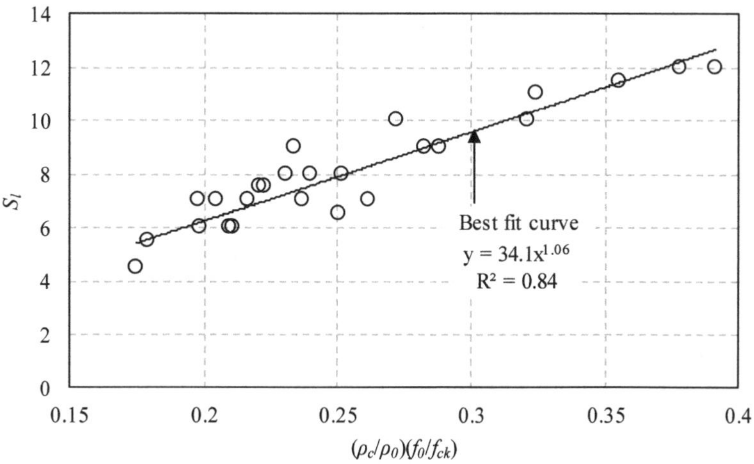

그림 4.2-2 경량골재 콘크리트의 압축강도 발현상수(S_l) 회귀분석

4.2.2 응력-변형률 관계

콘크리트의 탄성계수(E_c)는 일반적으로 f_{ck}와 ρ_c에 중요한 영향을 받으며(그림 4.2-3), 이를 고려하여 KBC(2016), ACI 318-19(2019) 및 *fib* 2010(2010) 등의 설계기준에서는 콘크리트의 E_c에 대해서 f_{ck}와 ρ_c의 함수로 제시하고 있다. 이를 기반으로 경량골재 콘크리트의 E_c에 대한 회귀분석 결과는 (그림 4.2-3)과 같으며, E_c는 다음과 같이 나타낼 수 있다.

$$E_c = 8090\left[f_{ck}^{(1/3)}\left(\frac{\rho_c}{\rho_0}\right)\right]^{0.89} \qquad \text{(식 4.2-5)}$$

경량골재 콘크리트의 응력-변형률 관계 모델은 Yang et al.(2014)이 제안한 콘크리트의 응력-변형률 관계 모델을 기반으로 제시하였다. Yang et al.(2014)은 Carreira and Chu(1985) 및 Tasnimi(2004)가 제시한 비선형 방정식을 기반으로 콘크리트의 f_{ck}(10~180 MPa)와 ρ_c(1,200~4,500 kg/m^3)의 전반적인 범위를 다루는 응력-변형률 관계에 대해 다음과 같이 기본 방정식을 제시하고 있다.

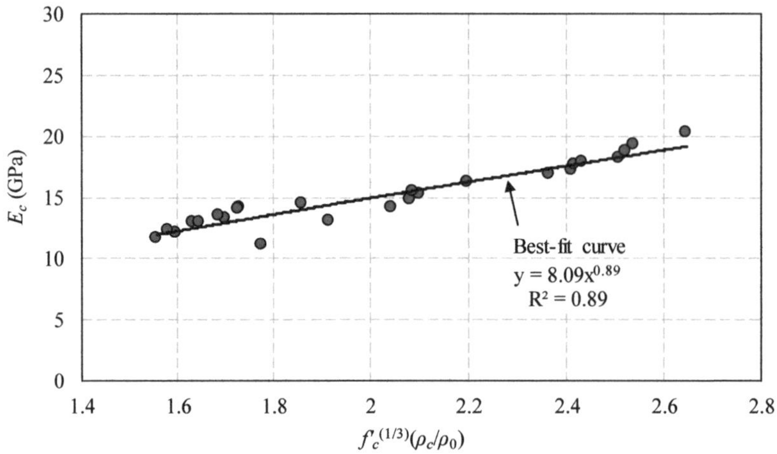

그림 4.2-3 경량골재 콘크리트의 탄성계수(E_c) 회귀분석

$$f_c = \left[\frac{(\beta_1 + 1)\left(\dfrac{\epsilon_c}{\epsilon_0}\right)}{\left(\dfrac{\epsilon_c}{\epsilon_0}\right)^{\beta_1 + 1} + \beta_1} \right] f_{ck} \qquad \text{(식 4.2-6)}$$

여기서, f_c는 임의의 변형률(ϵ_c)에서의 압축강도이며, β_1은 응력-변형률 곡선에서 상승부와 하강부 기울기를 결정하는 계수이다.

일반적으로 콘크리트의 E_c는 상승부에서 원점과 최대응력의 40% 점을 잇는 기울기로 정의된다. 이에 기울기계수(β_1)은 상승부에서 E_c와 ϵ_0로부터 결정될 수 있으며, 하강부는 최대응력이후 최대 응력의 50%지점의 변형률($\epsilon_{0.5}$)을 도입하여 결정할 수 있다(그림 4.2-4). 이러한 기준점을 (식 4.2-6)에 적용하면 β_1에 대한 함수는 다음과 같이 제시될 수 있다.

$$0.4(X_a)^{\beta_1 + 1} + (0.4 - X_a)\beta_1 - X_a = 0 \qquad \text{for } \epsilon_c \leq \epsilon_0 \qquad \text{(식 4.2-7a)}$$

$$(X_d)^{\beta_1 + 1} + (1 - 2X_d)\beta_1 - 2X_d = 0 \qquad \text{for } \epsilon_c > \epsilon_0 \qquad \text{(식 4.2-7b)}$$

여기서, $X_a = 0.4f_c{}'/(E_c\epsilon_0)$, $X_d = \epsilon_{0.5}/\epsilon_0$를 뜻하며, ϵ_0는 최대응력 시 변형률, $\epsilon_{0.5}$는 하강부에서 최대응력의 50% 지점에서 변형률이다.

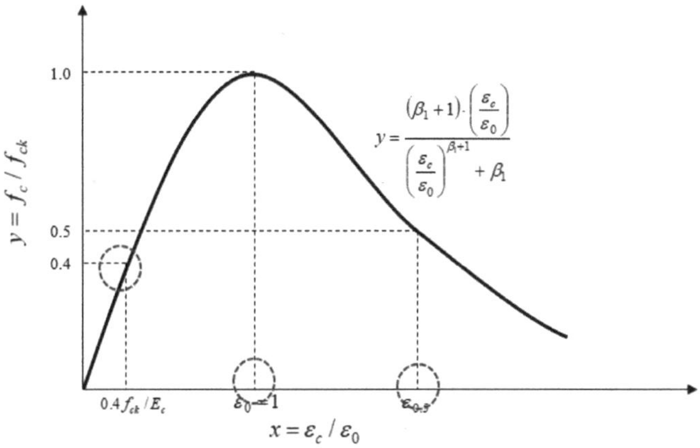

그림 4.2-4 응력-변형률 관계의 일반화

경량골재 콘크리트의 최대응력 시 변형률(ϵ_0)은 f_{ck}와 R_s, 즉 ρ_c의 증가에 따라 증가함을 알 수 있다. 또한 콘크리트의 ϵ_0는 E_c에 중요한 영향을 받는다. 경량골재 콘크리트의 E_c 모델(식 4.2-5)에서 ρ_c에 대한 고려를 하고 있으므로 경량골재 콘크리트의 ϵ_0는 E_c와 f_{ck}의 회귀분석(그림 4.2-5)으로부터 다음과 같이 제시될 수 있다.

$$\epsilon_0 = 0.0023\exp\left[7.44\left(\frac{f_{ck}^{1.6}}{E_c}\right)\right] \quad (식\ 4.2\text{-}8)$$

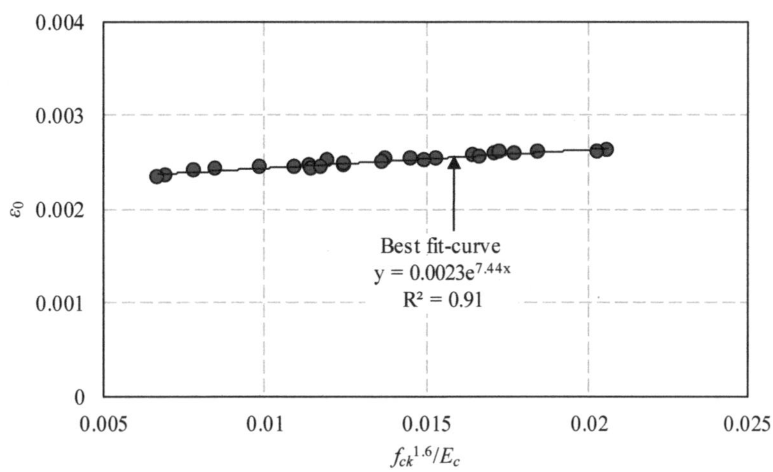

그림 4.2-5 경량골재 콘크리트의 최대응력 시 변형률(ϵ_0) 회귀분석

콘크리트의 응력-변형률 관계에서 최대응력 이후 하강 기울기에 대한 연구는 매우 부족한 실정이다. 이에 Yang et al.(2014)은 콘크리트의 응력-변형률 관계에서 하강 기울기에

대해 최대응력 이후 최대응력의 50% 지점의 변형률($\epsilon_{0.5}$)을 통해 결정하도록 제시한다. 경량골재 콘크리트의 응력-변형률 관계 실험결과로부터 f_{ck}의 증가와 ρ_c의 감소에 따라 더욱 취성적인 파괴 거동을 나타냄을 확인하였다. 따라서 경량골재 콘크리트의 $\epsilon_{0.5}$는 f_{ck}와 ρ_c의 함수로 다음과 같이 제시될 수 있다(그림 4.2-6).

$$\epsilon_{0.5} = 0.016\left[\left(\frac{f_0}{f_{ck}}\right)\left(\frac{\rho_c}{\rho_0}\right)^{1.6}\right]^{0.89} \quad \text{(식 4.2-9)}$$

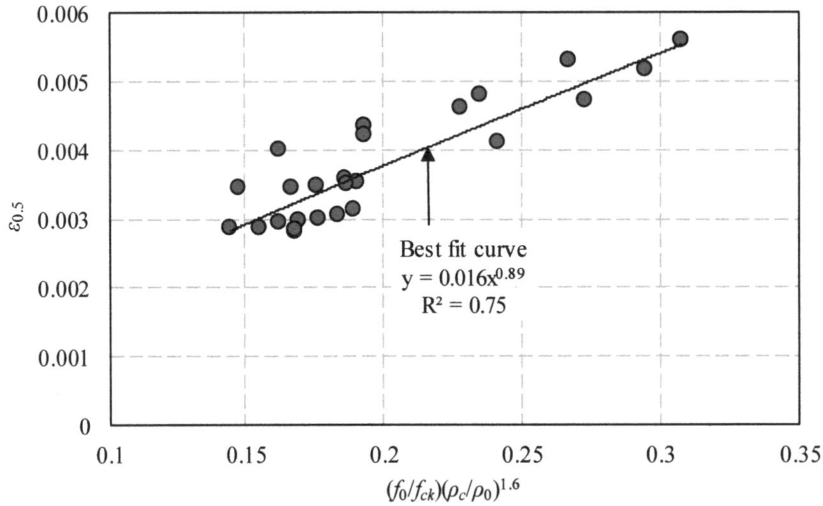

그림 4.2-6 경량골재 콘크리트의 하강부 최대응력의 50% 지점 변형률($\epsilon_{0.5}$) 회귀분석

기울기계수인 β_1은 Newton-Raphson의 수치해석 기법을 이용해 결정할 수 있다. 상승구간의 기울기는 E_c와 ϵ_0를 이용하여, 하강구간의 기울기는 ϵ_0 및 $\epsilon_{0.5}$으로부터 수치해석을 통해 결정하였다. 해석에 선정된 변수는 f_{ck}와 ρ_c이며, 이들의 변수 범위는 각각 10∼50 MPa 및 1,200∼2,000 kg/m³ 이다. 상승부 및 하강부의 β_1은 f_{ck}와 ρ_c의 함수로 다음과 같이 제시할 수 있다(그림 4.2-7).

$$\beta_1 = 0.19\exp\left[0.54\frac{f_{ck}}{f_0}\left(\frac{\rho_0}{\rho_c}\right)^{1.5}\right] \quad \text{for } \epsilon_c \leq \epsilon_0 \quad \text{(식 4.2-10a)}$$

$$\beta_1 = 0.32\exp\left[0.58\frac{f_{ck}}{f_0}\left(\frac{\rho_0}{\rho_c}\right)^{1.5}\right] \quad \text{for } \epsilon_c > \epsilon_0 \quad \text{(식 4.2-10b)}$$

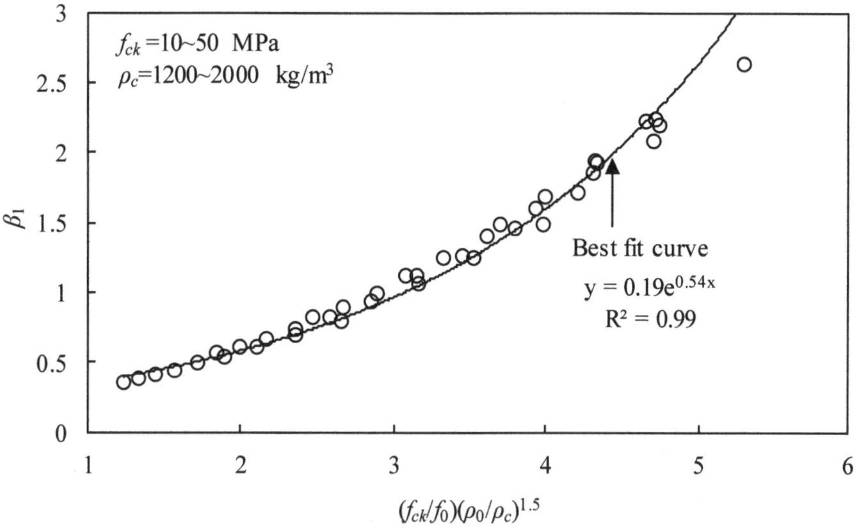

(a) 응력 상승부($\epsilon_c \le \epsilon_0$)

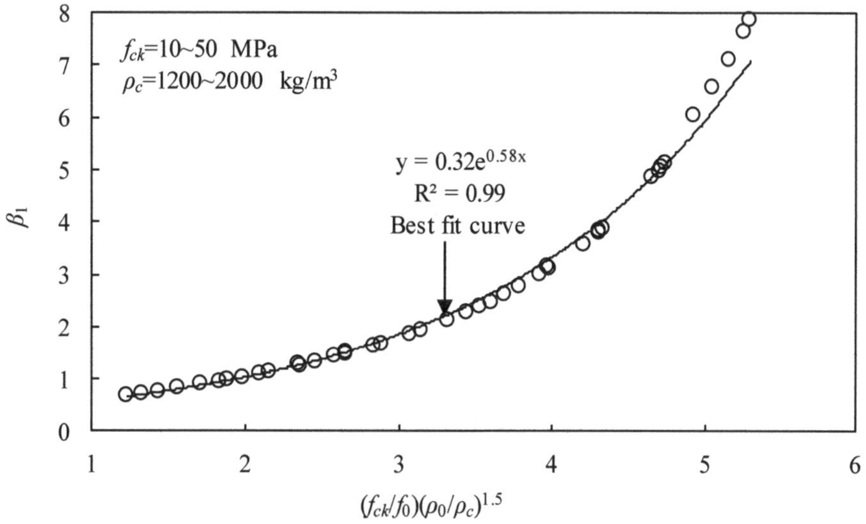

(b) 응력 하강부($\epsilon_c > \epsilon_0$)

그림 4.2-7 경량골재 콘크리트의 응력-변형 기울기 결정계수(β_1) 회귀분석

4.2.3 직접 인장강도(f_t) 및 쪼갬 인장강도(f_{sp})

기존 실험결과로부터 경량골재 콘크리트의 직접 인장강도(f_t)는 f_{ck}와 ρ_c에 중요한 영향을 받는다는 것을 알 수 있다. 따라서 경량골재 콘크리트의 f_t는 (그림 4.2-8)에 나타낸 바와 같이 f_c'와 ρ_c의 회귀분석을 통해 다음과 같이 제시할 수 있다.

$$f_t = 2.38\left[f'^{0.1}_c\left(\frac{\rho_c}{\rho_0}\right)^2\right]^{0.67} \quad \text{(식 4.2-11)}$$

여기서, f_c'는 f_t와 동일한 재령의 압축강도를 뜻하며, 위의 (식 4.2-11)에서는 재령 91일의 압축강도를 의미한다.

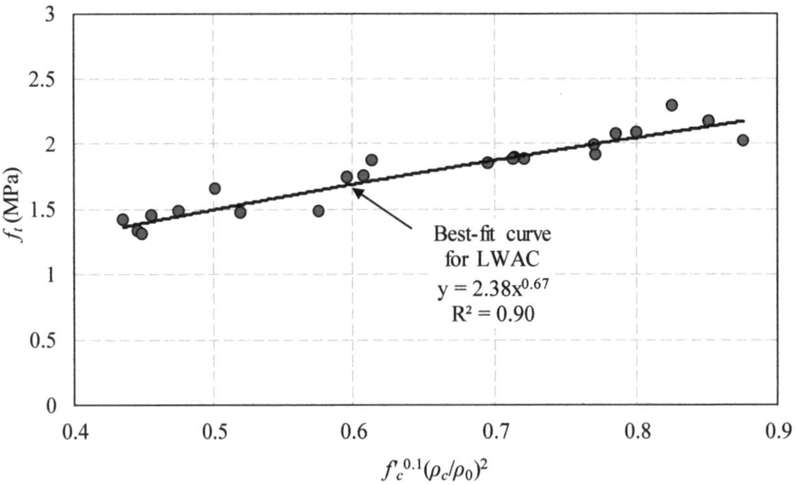

그림 4.2-8 경량골재 콘크리트의 직접 인장강도(f_t) 회귀분석

쪼갬 인장강도(f_{sp})는 f_t와의 상관관계식을 통해 산출할 수 있으며, 다음 식을 통해 평가된다.

$$f_{sp} = \frac{2P}{\pi dL} \quad \text{(식 4.2-12)}$$

이때 콘크리트가 받는 응력분포는 (그림 4.2-9)와 같이 나타낼 수 있다(Kwon et al., 2021). 여기서, 실제 받는 인장응력을 받는 면은 지름이 아닌 d_1으로 가정할 수 있다. 따라서 f_{sp} 평가 시 실제 콘크리트가 받는 순수 인장응력은 f_{sp}의 d_1/d이 된다. (그림 4.2-9)에서 쪼갬 인장파괴의 순수 인장력은 쪼갬 인장응력(T_1)과 직접 인장응력(T_2)으로 나눌 수

있으며, (식 4.2-12)로부터 다음과 같이 제시된다.

$$T_1 = f_{sp}\frac{\pi d_1}{2}L \qquad \text{(식 4.2-13a)}$$

$$T_2 = f_t\frac{\pi d}{2}L \qquad \text{(식 4.2-13b)}$$

콘크리트의 인장파괴 최대 내력은 T_1과 같으므로 쪼갬 인장파괴는 $T_1 = T_2$일 때 발생된다고 가정할 수 있다. 즉, $T_1 = T_2$의 관계로부터 f_{sp}는 다음과 같이 나타낼 수 있다.

$$f_{sp} = f_t\frac{d}{d_1} = 1.23f_t = 2.93\left[f'^{0.1}_c\left(\frac{\rho_c}{\rho_0}\right)^2\right]^{0.67} \qquad \text{(식 4.2-14)}$$

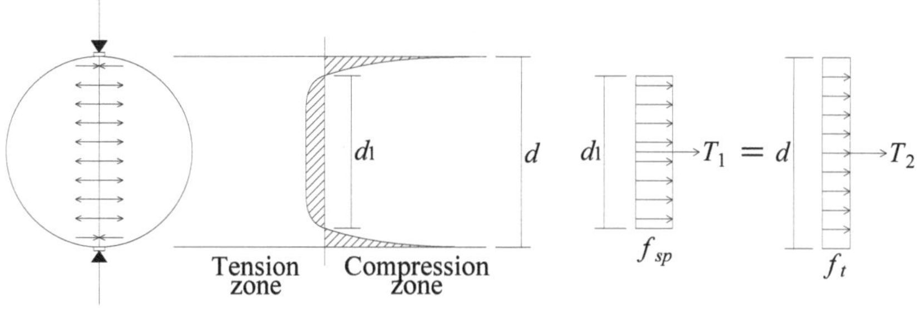

그림 4.2-9 쪼갬 인장응력의 응력분포

4.2.4 파괴계수(f_r)

파괴계수(f_r)는 휨 단면에서 발생되는 응력분포를 기반으로 두 가지의 경계조건을 통해 f_t와의 관계를 설명할 수 있다(Kwon et al., 2021). 콘크리트의 휨 파괴 시 중앙 단면에서 받는 응력의 분포(그림 4.2-10a)에서 중립축 하단에서 발생하는 휨 응력(f_r)은 (그림 4.2-10b)와 같이 등분포 인장응력(f_t) 상태로 등가시킬 수 있으며, 등가된 응력블록의 길이는 중립축으로부터 x만큼 더 늘어나게 된다. 휨 응력에서 발생되는 힘 T_{r1}과 등가 응력 블록에서 발생되는 힘 T_{r2}는 각각 다음과 같이 나타낼 수 있다(그림 4.2-10c).

$$T_{r1} = \frac{1}{2}bwhf_r \qquad \text{(식 4.2-15a)}$$

$$T_{r2} = bw(h+x)f_t \qquad \text{(식 4.2-15b)}$$

여기서, bw 및 h는 각각 시험체의 폭 및 중립축으로부터 하단 끝까지의 거리이다. 첫 번째 경계조건으로 두 힘 T_{r1}과 T_{r2}가 같다고 가정했을 때 f_r는 (식 4.2-15a) 및 (식 4.2-15b)로부터 다음과 같이 제시될 수 있다.

$$f_r = \frac{2(h+x)}{h}f_t \qquad \text{(식 4.2-16)}$$

두 번째 경계조건으로 (그림 4.2.10d)에 나타낸 바와 같이 휨 응력 분포와 등분포 인장응력 상태에서 중립축으로부터 힘의 중심인 도심까지의 거리($\bar{y}$)가 동일하다고 가정했을 때 중립축으로부터 휨 응력의 중심까지 거리($\bar{y}_1$)과 등분포 인장응력의 중심까지 거리($\bar{y}_2$)는 각각 다음과 같이 나타낼 수 있다.

$$\bar{y}_1 = \frac{2}{3}h \qquad \text{(식 4.2-17a)}$$

$$\bar{y}_1 = \frac{(h+x)}{2} \qquad \text{(식 4.2-17b)}$$

위의 (식 4.2-15a) 및 (식 4.2-15b)로부터 $x = h/3$임을 알 수 있으며, x를 (식 4.2-16)에 대입하면, f_r을 다음과 같이 나타낼 수 있다.

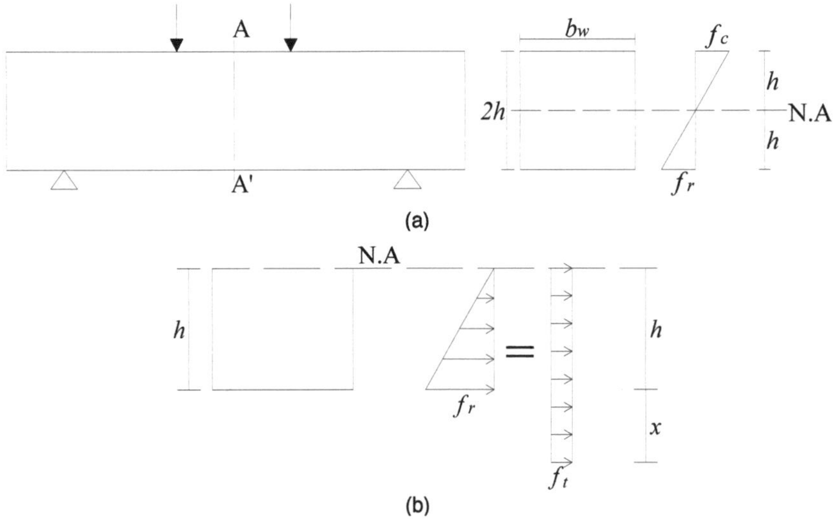

(a)

(b)

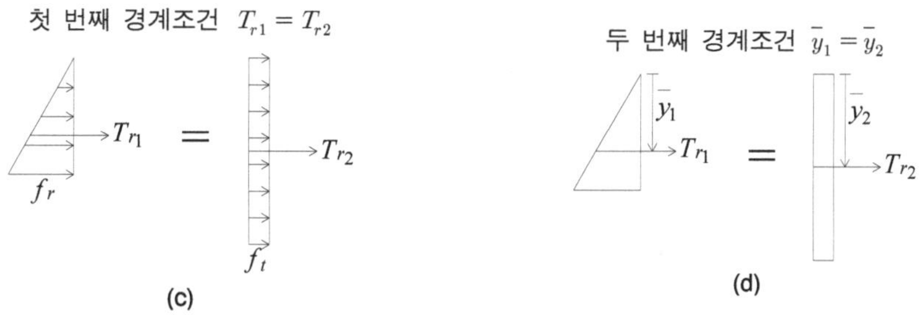

그림 4.2-10 파괴계수(f_r)와 직접 인장강도(f_t)의 수학적 관계

$$f_r = \frac{2\left(h+\dfrac{h}{3}\right)}{h} f_t = 2.67 f_t = 6.38\left[f'^{0.1}_c\left(\frac{\rho_c}{\rho_0}\right)^2\right]^{0.67} \qquad \text{(식 4.2-18)}$$

즉, $f_r = 2.67 f_t$로 일반화 할 수 있으며, 이를 통해 f_r과 f_t의 관계를 수학적으로 설명할 수 있다. 결과적으로, 경량골재 콘크리트의 f_r은 (식 4.2-11)을 통해 결정된 f_t로부터 제시할 수 있다.

4.2.5 전단마찰강도

Yang et al.(2012)은 콘크리트 소성론 상계치 이론을 이용해 다음과 같이 전단마찰내력 평가 모델을 제시하였다.

$$\tau_f = \frac{1}{2} f_c^* \frac{1}{\cos\alpha}[l - m\sin\alpha] \qquad \text{(식 4.2-19a)}$$

$$l = 1 - 2\frac{f_t^*}{f_c^*}\frac{\sin\phi}{1-\sin\phi} \qquad \text{(식 4.2-19b)}$$

$$m = 1 - 2\frac{f_t^*}{f_c^*}\frac{1}{1-\sin\phi} \qquad \text{(식 4.2-19c)}$$

여기서, $f_c^*(=\nu_c f_{ck})$, $f_t^*(=\nu_t f_t)$ 및 ϕ는 각각 콘크리트의 유효 압축강도, 콘크리트 유효 인장강도, 콘크리트 마찰각이다. ν_c 및 ν_t는 각각 유효 압축강도계수 및 유효 인장강도계수를 나타낸다. (식 4.2-19a)에서 콘크리트 전단마찰강도는 파괴면과 콘크리트 상대변위 사이의 각도(α)의 함수로서 파괴면의 이동각에 의해 영향을 받는다. 따라서 상계치 이론의 정의에

따라 전단마찰내력은 $(\partial V_n/\partial\alpha=0)$일 때에 결정된다. 결과적으로 α는 다음과 같이 나타낼 수 있다(Yang et al., 2012).

$$\alpha=2\tan^{-1}\left[\frac{x_1}{\left(x_1^2+y^2\right)^{1/2}+y}\right] \quad \text{(식 4.2-20a)}$$

$$x_1=\frac{m}{l} \quad \text{(식 4.2-20b)}$$

$$y=\frac{\left(l^2-m^2\right)^{1/2}}{l} \quad \text{(식 4.2-20c)}$$

수정된 쿨롱 파괴규준에 의해 콘크리트는 완전한 소성재료로 가정된다. 하지만 콘크리트는 탄성구간 그리고 최대내력 이후 응력이 급격히 감소하는 포물선 형태의 응력-변형률 특성을 갖는다. 따라서 비교적 취성 특성을 갖는 경량골재 콘크리트를 완전 소성체로 간주하기 위해서는 유효 강도계수 개념이 도입된다. 즉, 콘크리트 유효 강도계수는 완전소성 응력-변형률 곡선에 대한 면적과 실제 콘크리트의 응력-변형률 곡선에 대한 면적을 동일하게 함으로서 다음 식을 이용하여 결정할 수 있다(Yang et al., 2012).

$$\nu_c=\frac{f_c^*}{f_{ck}}\int_0^1\left(\frac{f_c}{f_{ck}}\right)d\left(\frac{\epsilon_c}{\epsilon_{0.5}}\right) \quad \text{(식 4.2-21a)}$$

$$\nu_t=\frac{f_t^*}{f_t}\int_0^1\left(\frac{\sigma_t}{f_t}\right)d\left(\frac{\epsilon_t}{\epsilon_{tu}}\right) \quad \text{(식 4.2-21b)}$$

여기서 ν_c, ν_t, σ_t, ϵ_t 및 ϵ_{tu}는 각각 유효 압축강도계수, 유효 인장강도계수, 임의의 변형률에 대한 콘크리트 인장강도, 콘크리트의 인장강도에 대한 임의의 변형률 및 최대 인장 변형률이다. 상기 4.2.2절에서 나타낸 응력-변형률 관계를 (식 4.2-19a)에 대입하여 콘크리트의 ν_c를 결정할 수 있다. f'_c 증가와 ρ_c의 감소에 따라 최대 압축응력 이후 응력감소 기울기가 큰 경향을 고려하여, (식 4.2-21a)는 회귀분석으로부터 다음과 같이 수정될 수 있다(그림 4.2-11).

$$\nu_c=\exp\left[-0.055\left(\frac{f'_c}{f_0}\right)\left(\frac{\rho_0}{\rho_c}\right)^{1.5}\right] \quad \text{(식 4.2-22)}$$

콘크리트 유효 압축강도에 대한 유효 인장강도의 비(f_t^*/f_c^*)는 압축과 인장응력-변형률 관계식들을 (식 4.2-21a) 및 (식 4.2-21b)에 대입하여 결정할 수 있다. f'_c, ρ_c 및 d_a의 특정 범위에서 수행된 변수연구로부터 f_t^*/f_c^*는 다음과 같이 나타낼 수 있다(그림 4.2-12).

$$\frac{f_t^*}{f_c^*} = 0.11\left[\left(\frac{f'_c}{f_0}\right)^{0.8}\left(\frac{c_0}{d_a}\right)\left(\frac{\rho_0}{\rho_c}\right)\right]^{-0.83} \quad \text{(식 4.2-23)}$$

여기서, c_0(=25 mm)는 굵은골재 최대치수에 대한 참고 값이다.

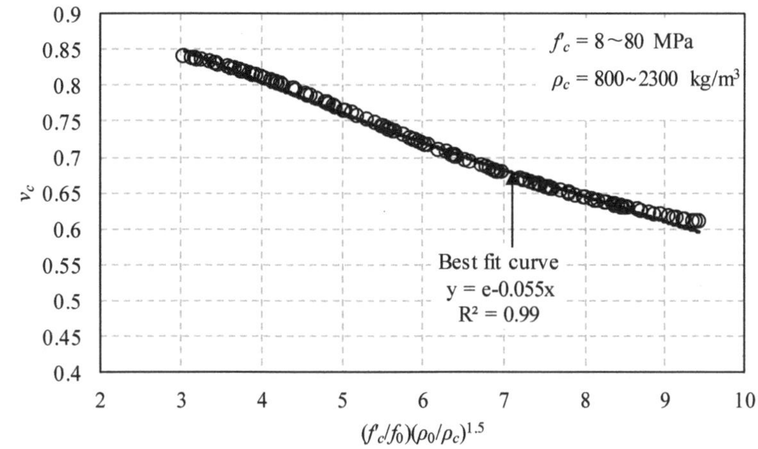

그림 4.2-11 경량골재 콘크리트의 유효 압축강도계수(ν_c) 회귀분석

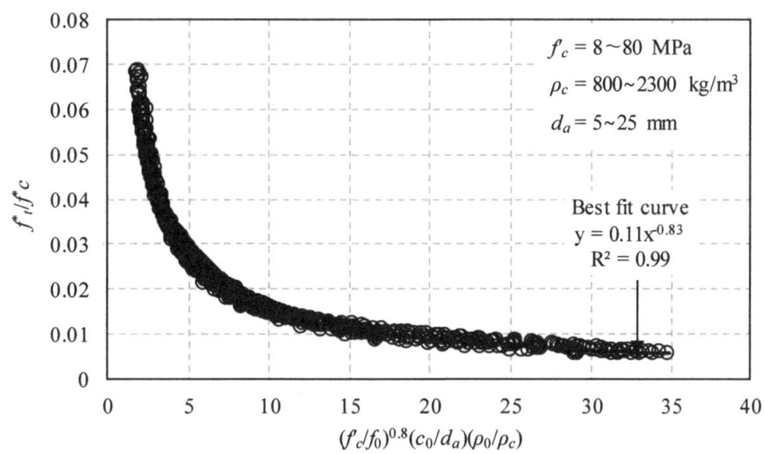

그림 4.2-12 경량골재 콘크리트의 유효압축강도에 대한 유효인장강도 비(f_t^*/f_c^*) 회귀분석

순수 전단력을 받는 수정 쿨롱 재료에서 응력상태는 모어의 응력원으로부터 다음과 같이 나타낼 수 있다(그림 4.2-13).

$$\frac{1}{2}(\sigma_1 - \sigma_3) = c\cos\phi \quad \text{(식 4.2-24)}$$

여기서 σ_1 및 σ_3은 순수전단에서 주응력을, c 및 ϕ는 각각 콘크리트 점착력과 및 마찰각을 나타낸다. 미끄러짐 파괴조건에서 콘크리트 점착력 c는 다음과 같이 나타낼 수 있다(Nielsen, 1984).

$$c = f_{ck}/2k_f^{1/2} \qquad \text{(식 4.2-25a)}$$

$$k_f = (1+\sin\phi)/(1-\sin\phi) \qquad \text{(식 4.2-25b)}$$

순수 전단면에서 주응력은 전단마찰응력의 크기와 같으므로 (식 4.2-24)와 (식 4.2-25a)로부터 전단마찰에 의한 콘크리트의 전단내력은 다음과 같이 나타낼 수 있다.

$$\tau_f = \frac{f_{ck}\cos\phi}{2k_f^{1/2}} \qquad \text{(식 4.2-26)}$$

결과적으로 (식 4.2-20a)와 (식 4.2-26)이 같다는 정의 하에 마찰각 ϕ는 다음과 같이 정리될 수 있다.

$$\phi = \cos^{-1}\left(\frac{l - m\sin\alpha}{\cos\alpha}k_f^{1/2}\right) \qquad \text{(식 4.2-27)}$$

콘크리트의 f'_c와 ρ_c에 대해 (식 4.2-27)의 해는 수치해석을 통해 산정될 수 있다. ϕ는 f_t^*/f_c^*가 0.005~0.07의 범위에서 (식 4.2-27)의 해를 수치해석을 통해 결정하였다.

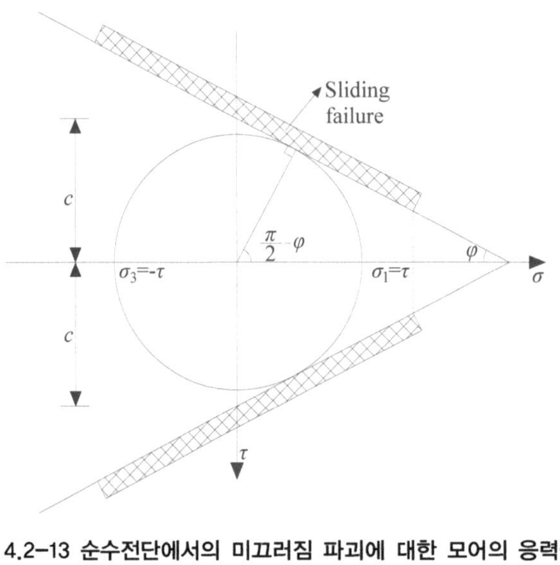

그림 4.2-13 순수전단에서의 미끄러짐 파괴에 대한 모어의 응력원

일반적으로 마찰각은 콘크리트 f'_c 증가, ρ_c의 감소 및 d_a의 증가와 함께 감소하였다. 이와 같은 경향을 고려하여 변수해석에서 결정된 각 마찰각의 값을 회귀분석하면 다음과 같이 나타낼 수 있었다(그림 4.2-14).

$$\phi = 17\left(\frac{f_t^*}{f_c^*}\right)^{-0.21} \qquad (식\ 4.2\text{-}28)$$

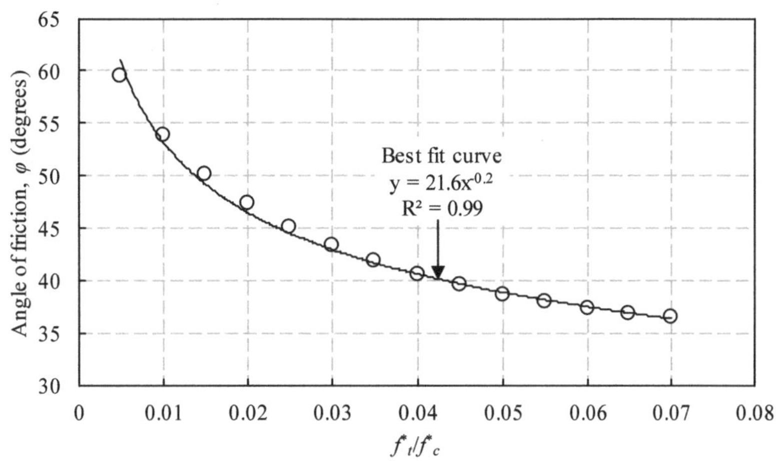

그림 4.2-14 유효압축강도에 대한 유효인장강도 비(f_t^*/f_c^*)와 마찰각(ϕ) 간의 관계

4.2.6 수정계수

ACI 318-19(2019)에 따르면 경량골재 콘크리트의 낮은 균열 및 인장저항성을 반영하기 위한 수정계수(λ)는 보통중량 콘크리트에 대한 경량골재 콘크리트의 전단마찰저항(τ_f) 비율로 정의될 수 있다. 경량골재 콘크리트에서 균열 경계면을 따라 감소된 마찰 특성을 설명하기 위해 λ가 도입됨에 따라 다음과 같이 정의될 수 있다.

$$\lambda = \frac{(\tau_f)_{LWAC}}{(\tau_f)_{NWC}} \qquad (식\ 4.2\text{-}28)$$

4.2.5절에 기술된 τ_f에 대한 방정식을 사용하여 λ를 산출할 수 있다. 식의 신뢰도를 향상시키기 위한 수치분석을 통해 f_c', ρ_c 및 굵은골재 최대치수(d_a)에 대한 매개변수 연구가 수행되었다(그림 4.2-15). 각 변수들은 f_c'가 8~80 MPa, d_a가 4.75~25 mm, ρ_c가 800~2300 kg/m^3

의 범위를 포괄하고 있으며, 보통중량 콘크리트(ρ_c=2300 kg/m³) 또한 고려되었다. 그림 4.2-15를 통해 λ는 다음과 같이 단순하게 나타낼 수 있다.

$$\lambda = 0.71\ln\left[\left(\frac{\rho_c}{\rho_0}\right)^3 + \left(\frac{f_0}{f_c'}\right)^{0.3}\left(\frac{d_a}{c_0}\right)^{0.01}\right] + 0.73 \qquad \text{(식 4.2-29)}$$

여기서, c_0(=25 mm)는 굵은골재 최대치수의 참고 값을 나타낸다. ACI 318-19(2019)에 명시된 상수 λ와 달리 제안된 방정식의 λ 값은 f_c' 증가와 ρ_c 감소에 따라 감소되는 경향을 나타낸다.

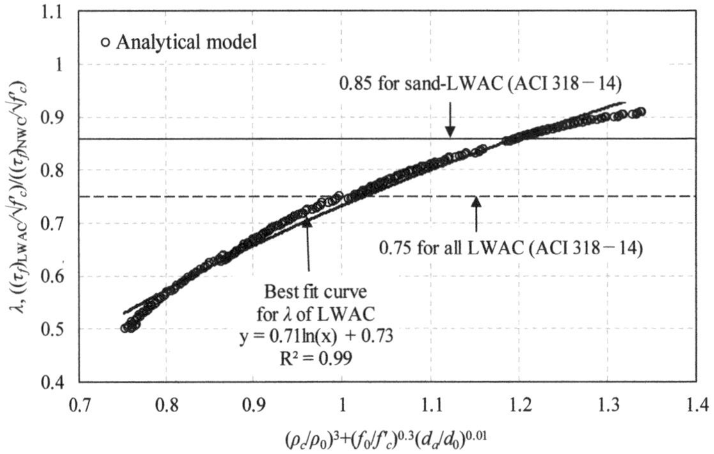

그림 4.2-15 경량골재 콘크리트의 수정계수(λ)에 대한 수치해석 결과

4.3 국내외 설계기준과의 비교

본 장에서는 기존의 설계기준에서 제시된 역학적 특성 평가모델과 제안모델을 비교하였으며, 이를 통해 경량골재 콘크리트에 대한 설계기준의 안전성을 평가하였다. 설계기준은 KBC(2016)가 주로 인용하고 있는 ACI 318-19(2019)와 *fib* 2010(2010)를 평가대상으로 설정하였다. 실험을 통해 평가된 총 25개의 경량골재 콘크리트 배합에 대한 ρ_c, f_{ck}, E_c, ϵ_0, f_t, f_{sp}, f_r 및 τ_f의 실험값/예측값(제안모델 또는 설계기준)을 평가하고, 분석된 실험값/예측값 비의 평균(γ_m), 표준편차(γ_s) 및 변동계수(γ_v)는 표 4.3-1에 종합하여 나타내었다.

4.3.1 압축강도

재령 28일 압축강도에 대한 실험값은 17.1~43.1 MPa의 범위에 있었으며, 평균 30.1 MPa로 평가되었다. 예측값의 범위는 18.1~44.3 MPa에 있었는데, 평균 f_{ck}는 31.2 MPa이었다. 실험값/예측값의 γ_m, γ_s 및 γ_v는 각각 1.02, 0.11 및 0.11로 ρ_c가 1,600 kg/m^3 이상에서는 실험결과를 비교적 잘 예측하고 있었으나, 그 이하에서는 다소 분산된 예측결과를 나타내었다 (그림 4.3-1).

표 4.3-1 역학적 특성에 대한 실험 및 예측 값 간의 통계 값 요약

역학적 특성		실험값/예측값								
		f_{ck}	E_c	ϵ_0	f_t	f_{sp}	f_r	τ_f	압축강도 발현	응력-변형률
제안 모델	γ_m	1.02	1.00	0.98	1.00	1.14	0.94	1.06	0.10[a)]	0.20[a)]
	γ_s	0.11	0.05	0.01	0.05	0.16	0.12	0.14	0.05[b)]	0.11[b)]
	γ_v	0.11	0.05	0.01	0.05	0.14	0.13	0.13	–	–
ACI 318-19	γ_m	–	0.99	–	–	–	1.54	–	–	–
	γ_s	–	0.05	–	–	–	0.17	–	–	–
	γ_v	–	0.05	–	–	–	0.11	–	–	–
fib 2010	γ_m	–	1.04	1.15	0.69	0.95	1.02	–	0.40[a)]	0.40[a)]
	γ_s	–	0.14	0.13	0.09	0.15	0.11	–	0.14[b)]	0.20[b)]
	γ_v	–	0.14	0.11	0.14	0.16	0.10	–	–	–

* 압축강도 발현과 응력-변형률의 수치분석은 정규화된 평균 제곱근 오차(normalized root mean square error, NRMSE)를 통해 오차들의 a) 평균($\gamma_{e,m}$)과 b) 표준편차($\gamma_{e,s}$)를 통해 각각 평가됨.

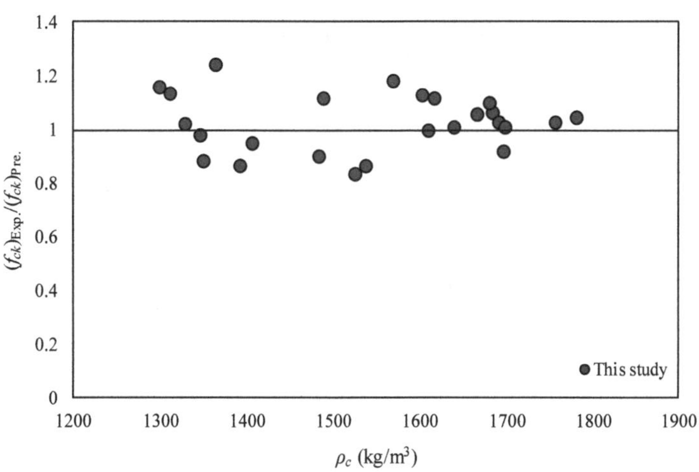

그림 4.3-1 재령 28일 압축강도(f_{ck})에 대한 실험값 및 예측값 비교

4.3.2 탄성계수

경량골재 콘크리트의 E_c에 대한 실험값은 평균 15,165 MPa로 11,200~20,311 MPa의 범위에 있었으며, 예측값은 평균 15,165 MPa로 11,991~19,237 MPa의 범위에 있었다. 실험값/예측값의 γ_m, γ_s 및 γ_v는 각각 1.00, 0.06 및 0.06로 예측값은 실험값과 잘 일치하였으며, 실험값/예측값에 대한 편차는 낮은 편이었다. ACI 318-19(2019)기준의 경우 ρ_c에 관계없이 실험결과를 잘 예측하고 있었다(그림 4.3-2). 반면, *fib* 2010(2010) 기준의 경우 낮은 ρ_c= 1,600 kg/m³ 을 기준으로 ρ_c가 낮아질수록 E_c를 다소 과대평가하고 있었으며, 그 이상에서는 ρ_c가 증가할수록 경량골재 콘크리트의 E_c를 과소평가하고 있었다(그림 4.3-2).

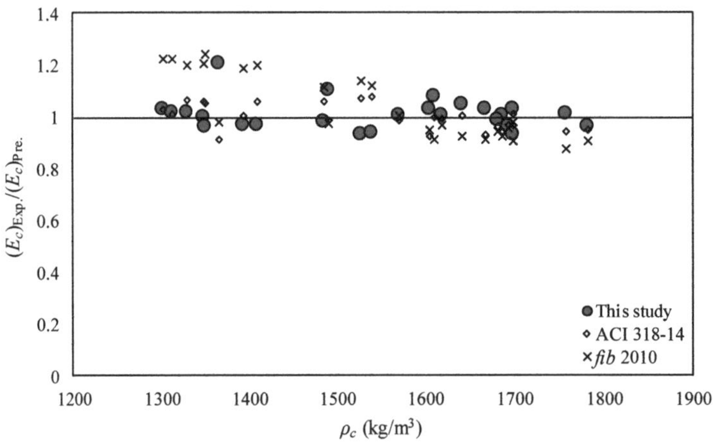

그림 4.3-2 탄성계수(E_c)에 대한 실험값 및 예측값 비교

4.3.3 최대응력 시 변형률

경량골재 콘크리트의 ϵ_0에 대한 실험값은 평균 0.0025로 0.0023~0.0026의 범위에 있었으며, 예측값은 평균 0.0025로 0.0024~0.0027의 범위에 있었다. 실험값/예측값의 γ_m, γ_s 및 γ_v는 각각 0.98, 0.01 및 0.01로, 예측값은 실험값과 매우 잘 일치하였으며 편차도 매우 낮았다. 제안모델들의 실험값/예측값 결과(그림 4.3-3)을 보면, ϵ_0 제안모델의 경우 ρ_c에 관계없이 실험결과를 매우 잘 예측하고 있는 반면, *fib* 2010(2010)기준의 경우 ρ_c에 관계없이 실험결과에 대해 과소평가하고 있었다.

4.3.4 직접 인장강도

f_t에 대한 실험값은 평균 1.8 MPa로 1.23～2.79 MPa의 범위에 있었으며, 예측값은 평균 1.77 MPa로 1.36～2.18 MPa의 범위에 있었다. 실험값/예측값의 γ_m, γ_s 및 γ_v는 각각 1.00, 0.05 및 0.05로, 예측값의 평균은 실험결과와 잘 일치하였지만 데이터는 다소 분산되어 있었다.

제안모델들의 실험값/예측값 결과(그림 4.3-4)를 보면, f_t 제안모델의 경우 ρ_c에 관계없이 실험결과를 매우 잘 예측하고 있는 반면, *fib* 2010(2010) 기준의 경우 ρ_c에 관계없이 실험결과에 대해 과대평가하여 γ_s도 비교적 높게 나타나고 있었다.

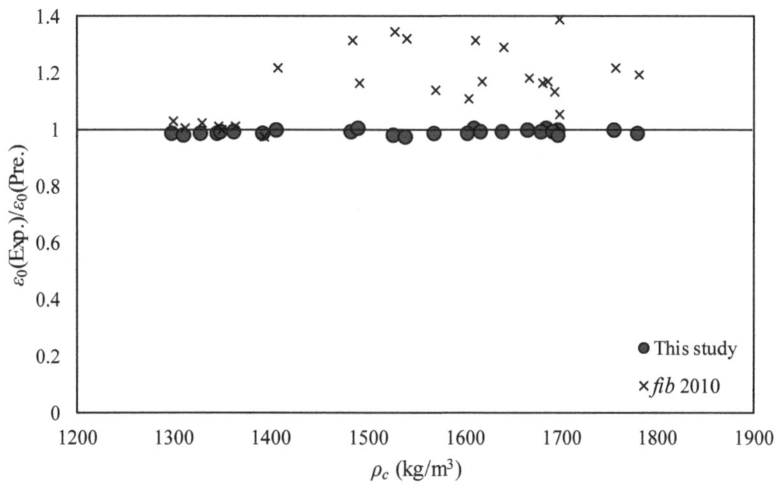

그림 4.3-3 최대응력 시 변형률(ϵ_0)에 대한 실험값 및 예측값 비교

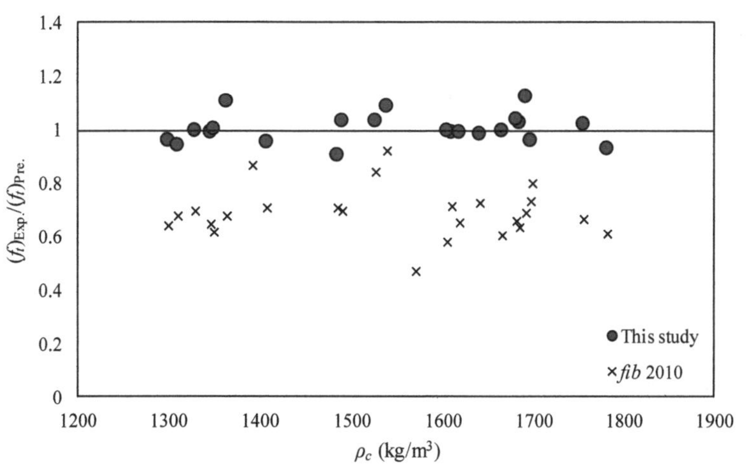

그림 4.3-4 직접 인장강도(f_t)에 대한 실험값 및 예측값 비교

4.3.5 쪼갬 인장강도

f_{sp}에 대한 실험값은 평균 2.47 MPa로 2.01~3.70 MPa의 범위에 있었으며, 예측값은 평균 2.18 MPa로 1.70~2.68 MPa의 범위에 있었다. 실험값/예측값의 γ_m, γ_s 및 γ_v는 각각 1.14, 0.16 및 0.14로, 예측값은 f_{sp}를 다소 높게 예측하고 있었으며, 비교결과도 다소 분산되어 있었다. 제안모델들의 실험값/예측값 결과(그림 4.3-5)를 보면, f_{sp} 제안모델의 경우 ρ_c에 관계없이 실험결과를 다소 과대평가하고 있었으며, *fib* 2010(2010) 기준의 경우 ρ_c에 관계없이 다소 분산된 예측결과를 나타내었다.

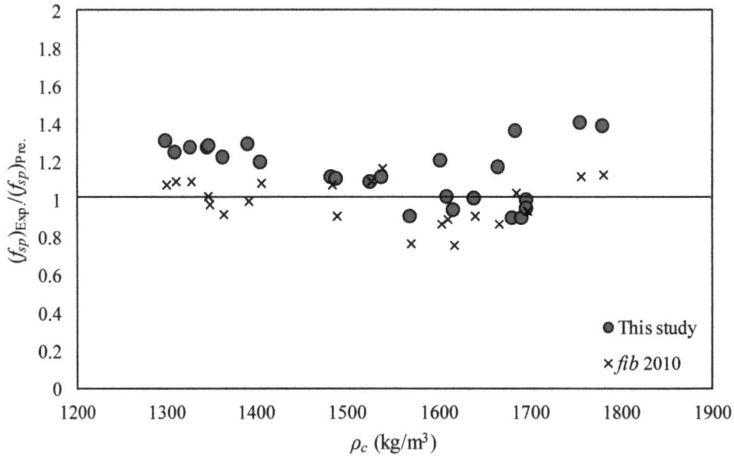

그림 4.3-5 쪼갬 인장강도(f_{sp})에 대한 실험값 및 예측값 비교

4.3.6 파괴계수

f_r에 대한 실험값은 평균 4.46 MPa로 3.35~6.54 MPa의 범위에 있었으며, 예측값은 평균 4.73 MPa로 3.70~5.82 MPa의 범위에 있었다. 실험값/예측값의 γ_m, γ_s 및 γ_v는 각각 0.94, 0.12 및 0.13로, 비교적 실험결과를 잘 예측하고 있었다. 제안모델들의 실험값/예측값 결과(그림 4.3-6)을 보면, f_r 제안모델과 *fib* 2010(2010) 모델의 경우 ρ_c에 관계없이 실험결과를 매우 잘 예측하고 있는 반면, ACI 318-19(2019) 기준의 경우 ρ_c에 관계없이 실험결과를 매우 과소평가하고 있었다.

4.3.7 전단마찰강도

τ_f에 대한 실험결과는 평균 3.63 MPa로 2.51~4.77 MPa의 범위에 있었으며, 예측값은 평균 3.63 MPa로 2.51~4.77 MPa의 범위에 있었다. 실험값/예측값의 γ_m, γ_s 및 γ_v는 각각 1.06, 0.14 및 0.14으로, 다소 분산된 경향을 보였으나, 평균적으로 실험값에 대해 잘 예측하고 있었다(그림 4.3-7). τ_f 제안모델은 ρ_c의 관계없이 실험결과를 비교적 잘 예측하고 있었지만, d_a가 증가할수록 다소 예측값이 감소하는 경향을 나타내었다.

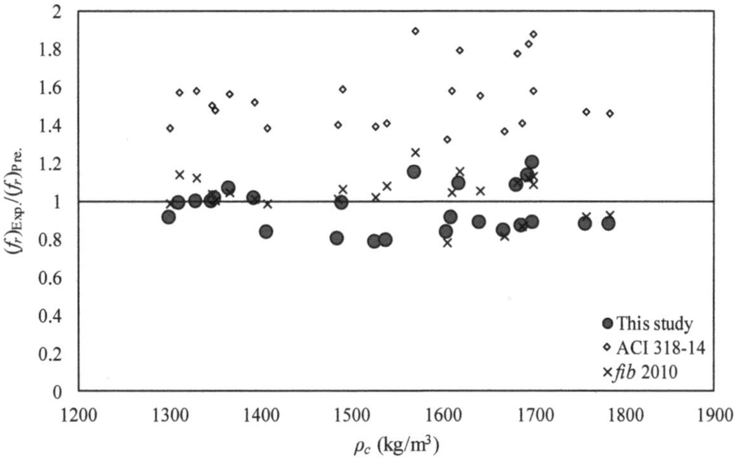

그림 4.3-6 파괴계수(f_r)에 대한 실험값 및 예측값 비교

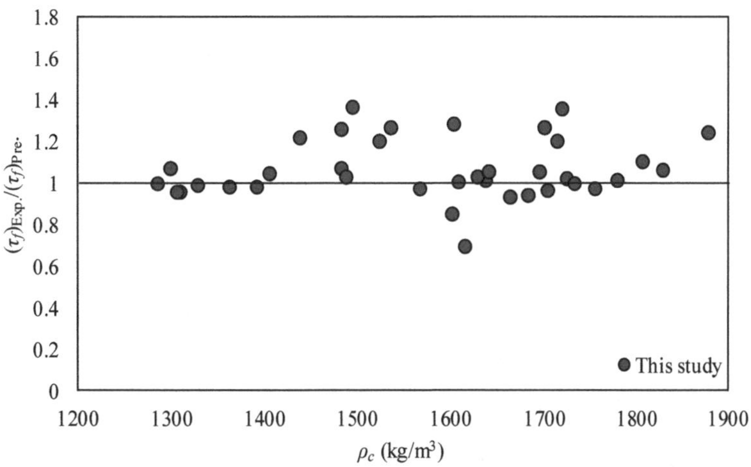

그림 4.3-7 전단마찰강도(τ_f)에 대한 실험값 및 예측값 비교

4.3.8 압축강도 발현율

재령별 압축강도 발현율에 대한 실험결과와 제안모델을 그림 4.3-8에 나타내었으며, 동일 그림에 *fib* 2010(2010) 기준에서 제시하는 압축강도 발현모델과 비교하였다. 재령 3일 및 7일에서 각각 평균 98% 및 94% 수준이었으며, 재령 56일 및 91일에는 모두 99% 수준으로 모든 재령에서 실험결과를 잘 일치하였다. 실험결과와 제안모델의 비교에서 산정된 NRMSE 값들의 $\gamma_{e,m}$, $\gamma_{e,s}$는 각각 0.10과 0.05로 매우 낮은 오차를 나타낸 반면, *fib* 2010(2010) 모델의 경우 $\gamma_{e,m}$와 $\gamma_{e,s}$는 각각 0.40과 0.14로 높은 오차를 나타내었다.

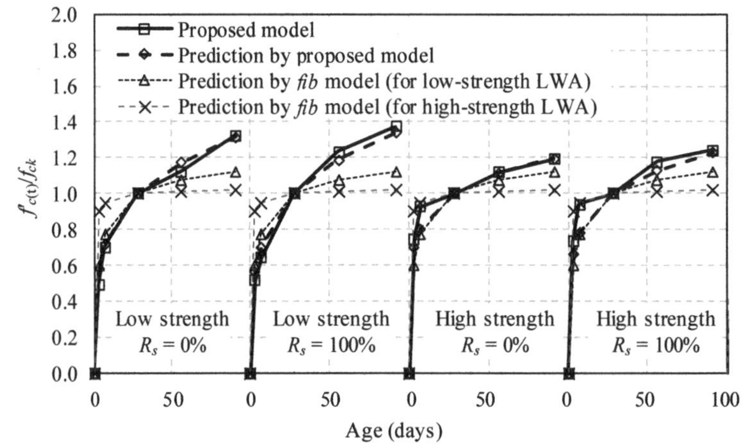

(a) 설계기준강도에 따른 구분

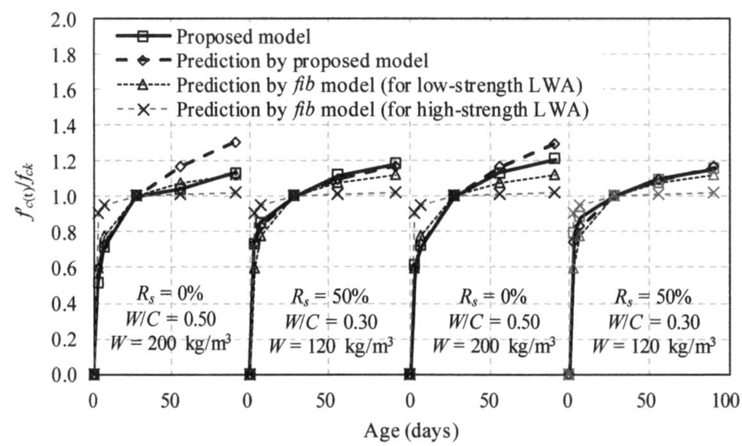

(b) 단위수량에 따른 구분

그림 4.3-8 압축강도 발현율에 대한 실험값 및 예측값 비교

4.3.9 응력-변형률 관계

응력-변형률 관계에 대한 실험결과와 제안모델을 그림 4.3-9에 나타내었으며, 동일 그림에 *fib* 2010(2010) 기준에서 제시하는 응력-변형률 관계 모델과 비교하였다. 제시된 응력-변형률 관계모델은 초기 기울기 및 최대응력 시 변형률에 대해 실험결과를 잘 예측하고 있었다. 반면 최대 응력 이후 응력 감소 기울기에서는 다소 실험결과 대비 낮게 예측하고 있었다. 응력-변형률 관계 모델과 실험결과의 비교에서 산정된 NRMSE 값들의 $\gamma_{e,m}$와 $\gamma_{e,s}$는 각각 0.20과 0.11로 비교적 낮은 오차를 나타낸 반면, *fib* 2010(2010) 모델의 경우 $\gamma_{e,m}$와 $\gamma_{e,s}$는 각각 0.40과 0.20으로 높은 오차를 나타내었다.

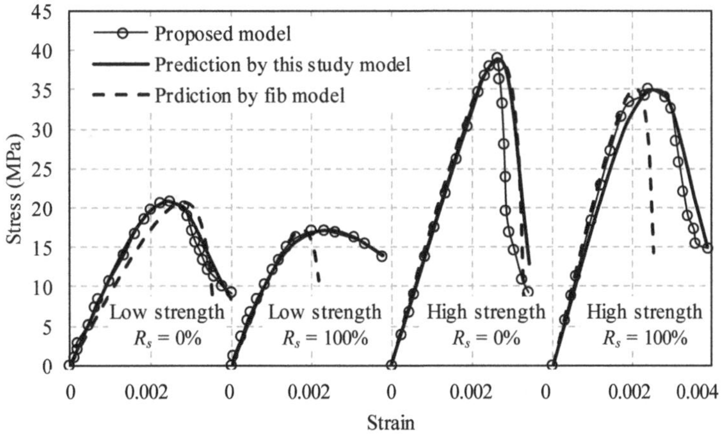

(a) 설계기준강도에 따른 구분

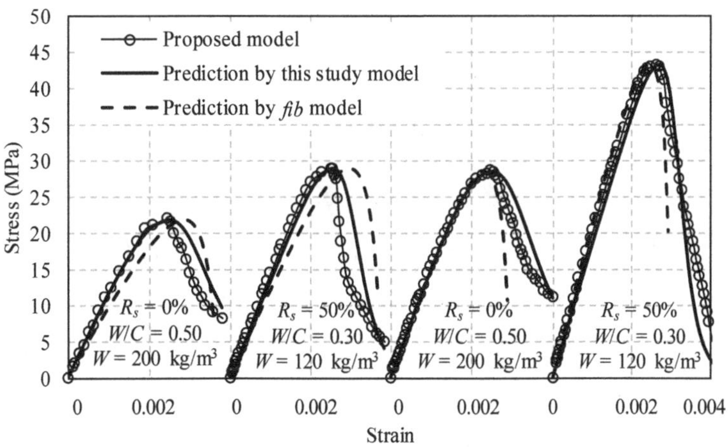

(b) 단위수량에 따른 구분

그림 4.3-9 응력-변형률 곡선에 대한 실험값 및 예측값 비교

참고문헌

1. ACI Committee 213 (2014), Guide for Structural Lightweight-aggregate Concrete (ACI 213R-14), American Concrete Institute, MI, Farmington Hills.
2. Bello, L., Garcia-Diaz, E., Rougeau, P., An Original Test Method to Assess Water Absorption/Desorption of Lightweight Aggregates in Presence of Cement Paste, Construction and Building Materials, 154 (15) (2017) 752-762.
3. Carreira, D. J., Chu, K. H., Stress-Strain Relationship for Plain Concrete in Compression, ACI Journal, 82 (6) (1985) 797-804.
4. Comité Euro-International du Beton (2010), Fib Model Code for Concrete Structures 2010. Switzerland: International Federation for Structural Concrete (fib).
5. Kabay, N., Aköz, F., Effect of Prewetting Methods on Some Fresh and Hardened Properties of Concrete with Pumice Aggregate, Cement and Concrete Composites, 34 (4) (2012) 503-507.
6. Kim, J. H., Lee, J. H., Kim, Y. -H., Equilibrium of Capillary and Pore Water Pressure in Lightweight Aggregates Concrete, Mechanics of Advanced Materials and Structures, 29 (26) (2022) 5156-5162, DOI: 10.1080/15376494.2021.1949510.
7. Kim, Y. -H., Park, C. B., Choi, B. I., Shin, T. Y., Jun, Y., Kim, J. H., Quantitative Measurement of Water Absorption of Coarse Lightweight Aggregates in Freshly-Mixed Concrete, International Journal of Concrete Structures and Materials, 14 (2020) 34.
8. Kim, Y. -H., Kim, H. -Y., Yang, K. -H., Ha, J. -S., Effect of Concrete Unit Weight on the Mechanical Properties of Bottom Ash Aggregate Concrete, Construction and Building Materials, 273 (2021) 121998.
9. Kwon, S. J., Yang, K. H., Hwang, Y. H., and Ashour, A. F., Shear Friction Strength of Monolithic Concrete Interfaces, Magazine of Concrete Research, 69 (5) (2017) 230-244.
10. Kwon, S. J., Yang, K. H., Mun, J. H., Mathematical Models for Tensile Resistance Capacities of Concrete, Journal of Materials in Civil Engineering, Journal of Materials in Civil Engineering, 33 (12) (2021) 04021366.
11. Lee K. H., Yang K. H., Mun J. H., Kwon S. J., Mechanical Properties of Concrete Made from Different Expanded Lightweight Aggregates, ACI Materials Journal, 116 (2) (2019) 9-19.
12. Lee, K. H. Reliable Model Proposals for Mechanical Properties and Mixing Proportioning of Lightweight Aggregate Concrete Using Expanded Bottom Ash and Dredged Soil Granules. Ph.D. Thesis. Kyonggi University, 2018.
13. Lee K. H., Yang K. H., Mun J. H., Tuan V. N., Effect of Sand Content on the Workability and Mechanical Properties of Concrete Using Bottom Ash and Dredged Soil-based Artificial Lightweight Aggregates, International Journal of Concrete Structures and Materials, 13 (1) (2019) 1-13.

14. Neville, A. M., Properties of concrete. 5th ed, Pearson Education Limited, UK, Harlow, 2011. NT BUILD 492 (1999), Concrete, Mortar and Cement- Based Repair Materials: Chloride Migration Coefficient from Non-Steady-State Migration Experiments, Nordic Council of Ministers.
15. Park, C. -B., Kim, Y. -H, Jun, Y., Kim, J. H., Ryu, D. -H., Properties Comparison of Concrete Using Lightweight Aggregate with Different Water Conditions and Natural Aggregate, Journal of Korea Concrete Institute, 31 (5) (2019) 459-466.
16. Park, C. -B., Kim, Y. -H, Jun, Y., Kim, J. H., Ryu, D. -H., Durabilities of Lightweight Aggregate Concrete and Natural Aggregate Concrete, Journal of Korea Concrete Institute, 33 (3) (2021) 227-234.
17. Sim J. I., Yang K. H., Effect of the Maximum Aggregate Size on the Workability and Mechanical Properties of Lightweight Concrete, Journal of the Architectural Institute of Korea, 28 (5) (2012) 64-68.
18. Shin, T. Y., Kim, Y. -H., Park, C. -B., Kim, J. H., Quantitative Evaluation on the Pumpability of Lightweight Aggregate Concrete by a Full-Scale Pumping Test, Case Studies in Construction Materials 16 (2022) e01075.
19. Tasnimi, A. A., Mathematical Model for Complete Stress-Strain Curve Prediction of Normal, Lightweight, and High-Strength Concretes, Magazine of Concrete Research, 56 (1) (2004) 23-34.
20. Yang, K. H., Sim, J. I., Kang, J. H., and Ashour, A. F., Shear Capacity of Monolithic Concrete Joints without Transverse Reinforcement, Magazine of Concrete Research, 64 (9) (2012) 767-779.
21. Yang, K. H., Mun, J. H., Cho, M. S., Kang, T. H., Stress-Strain Model for Various Unconfined Concretes in Compression. ACI Structural Journal, 111 (4) (2014) 819-826.
22. Yang, K. H., Yi, S. T., Tests on Direct Tensile Characteristics of Expanded Clay Lightweight Aggregate Concrete, Magazine of Concrete Research, 68 (11) (2016) 581-592.
23. Yang, K. H., Ashour, A. F., Modification Factor for Shear Capacity of Lightweight Concrete Beams, ACI Structural Journal, 112 (4) (2015) 485-492.
24. Yang, K. H., Lee, K. H., Shear Friction Characteristics and Modification Factor of Concrete Prepared Using Expanded Bottom Ash and Dredged Soil Granules, International Journal of Concrete Structures and Materials, 13 (1) (2019) 1-12.
25. 日本建築学会 (2019), 建築工事標準仕様書同解説 JASS5 鉄筋コンクリート工事, 14節 軽量コンクリート, 第15版 第2刷, 451-466
26. 土木學會 (2020), 2017年制定 コンクリート標準示方書, 第13章 輕量骨材コンクリート, 第2刷 發行, 令和2年 5月, 372-384.

콘크리트 실무매뉴얼

경량골재 콘크리트

2023년 7월 15일 1판 1쇄 인쇄
2023년 7월 20일 1판 1쇄 발행

관리주체	사단법인 한국콘크리트학회 서울특별시 강남구 테헤란로7길 22 한국과학기술회관 1관 1009호 TEL. 02)568-5984~7 FAX. 02)568-1918
출판보급처	기문당 서울시 성동구 무학봉28길 4-1 TEL. 02)2295-6171(代)~5 FAX. 02)6971-8188
출판등록	1976. 10. 7 (1-44)
홈페이지	http : // www.kimoondang.com
I S B N	978-89-6225-907-0 93530